1+X 职业技能鉴定考核指导手册

电 工

三 级

编审委员会

U0320977

主　　任　张　岚　黄卫来

委　　员　顾卫东　葛恒双　孙兴旺　葛　玮　李　晔
　　　　　刘汉成

执行委员　李　晔　瞿伟洁　夏　莹

中国劳动社会保障出版社

图书在版编目（CIP）数据

电工：三级/人力资源和社会保障部教材办公室等组织编写. —北京：中国劳动社会保障出版社，2017

1＋X 职业技能鉴定考核指导手册

ISBN 978-7-5167-2840-6

Ⅰ.①电… Ⅱ.①人… Ⅲ.①电工技术-职业技能-鉴定-自学参考资料 Ⅳ.①TM

中国版本图书馆 CIP 数据核字（2017）第 085422 号

中国劳动社会保障出版社出版发行

（北京市惠新东街 1 号 邮政编码：100029）

*

三河市华骏印务包装有限公司印刷装订 新华书店经销

787 毫米×960 毫米 16 开本 19.25 印张 313 千字

2017 年 9 月第 1 版 2023 年 10 月第 5 次印刷

定价：45.00 元

营销中心电话：400-606-6496

出版社网址：http://www.class.com.cn

前 言

职业资格证书制度的推行，对广大劳动者系统地学习相关职业的知识和技能，提高就业能力、工作能力和职业转换能力有着重要的作用和意义，也为企业合理用工以及劳动者自主择业提供了依据。

随着我国科技进步、产业结构调整以及市场经济的不断发展，特别是加入世界贸易组织以后，各种新兴职业不断涌现，传统职业的知识和技术也愈来愈多地融进当代新知识、新技术、新工艺的内容。为适应新形势的发展，优化劳动力素质，上海市人力资源和社会保障局在提升职业标准、完善技能鉴定方面做了积极的探索和尝试，推出了1＋X培训鉴定模式。1＋X中的1代表国家职业标准，X是为适应经济发展的需要，对职业标准进行的提升，包括了对职业的部分知识和技能要求进行的扩充和更新。1＋X的培训鉴定模式，得到了国家人力资源和社会保障部的肯定。

为配合开展的1＋X培训与鉴定考核的需要，使广大职业培训鉴定领域专家以及参加职业培训鉴定的考生对考核内容和具体考核要求有一个全面的了解，人力资源和社会保障部教材办公室、中国就业培训技术指导中心上海分中心、上海市职业技能鉴定中心联合组织有关方面的专家、技术人员共同编写了《1＋X职业技能鉴定考核指导手册》。该手册由"理论知识复习题""操作技能复习题"和"理论知识模拟试卷及操作技能模拟试卷"三大块内容组成，书中介绍了题库的命题依据、试卷结构和题型题量，同时从上海市1＋X鉴定题库中抽取部分理论知识题、操作技能试题和模拟样卷供考生参考和练习，便于考生能够有针对性地进行考前复习准备。今后我们会随着国家职业标准以及鉴定题库的提升，逐步对手册内容进行补充和完善。

本系列手册在编写过程中，得到了有关专家和技术人员的大力支持，在此一并表示感谢。

由于时间仓促，缺乏经验，如有不足之处，恳请各使用单位和个人提出宝贵意见和建议。

1＋X职业技能鉴定考核指导手册

编审委员会

目　录

CONTENTS　1＋X 职业技能鉴定考核指导手册

电工职业简介 ·· （1）

第 1 部分　电工（三级）鉴定方案 ························· （2）

第 2 部分　鉴定要素细目表 ······························· （4）

第 3 部分　理论知识复习题 ······························· （23）

　电子技术 ·· （23）

　电力电子技术 ·· （50）

　电气自动控制技术 ·· （74）

　PLC 应用技术 ··· （107）

第 4 部分　操作技能复习题 ······························· （129）

　继电控制电路测绘与故障排除 ························· （129）

　可编程控制系统装调 ····································· （142）

　交直流传动系统装调 ····································· （172）

　应用电子电路装调维修 ·································· （210）

第 5 部分　理论知识考试模拟试卷及答案 ················ （252）

第 6 部分　操作技能考核模拟试卷 ······················· （274）

电工职业简介

一、职业名称

电工。

二、职业定义

使用工具、量具和仪器、仪表，安装、调试与维护、修理机械设备电气部分和电气系统线路及器件的人员。

三、主要工作内容

从事的主要工作包括：（1）对企业的供配电系统进行维护和管理，对各种动力、照明线路进行材料选型、排设、安装和检修；（2）对电气设备中常用电气器件进行拆装检修；（3）对继电接触器控制系统进行设计、选型、安装、维修；（4）对可编程控制器应用系统进行设计、安装、维修、编程、调试，应用可编程控制器与人机界面或其他设备进行通信；（5）对典型的模拟和数字电子电路进行器件选型、安装、调试，根据电气设备的需求设计相关电子线路；（6）对典型的电力电子设备进行安装、调试、维修，对交直流调速系统等进行安装、调试、维修；（7）对典型机床电气控制系统进行安装、调试，排除机床等电气设备的故障；（8）对与电气自动控制有关的智能化设备、计算机控制系统、网络通信设备进行安装、配置、调试、维修。

第1部分

电工（三级）鉴定方案

一、鉴定方式

电工（三级）的鉴定方式分为理论知识考试和操作技能考核。理论知识考试采用闭卷计算机机考方式，操作技能考核采用实际操作方式。理论知识考试和操作技能考核均实行百分制，成绩皆达60分及以上者为合格。理论知识或操作技能不及格者可按规定分别补考。

二、理论知识考试方案（考试时间90 min）

题型　　　　题库参数	考试方式	鉴定题量	分值（分/题）	配分（分）
判断题		40	0.5	20
单项选择题	闭卷机考	120	0.5	60
多项选择题		20	1	20
小计	—	180	—	100

1+X职业技能鉴定考核指导手册

三、操作技能考核方案

考核项目表

职业（工种）名称			电工		等级	三级		
职业代码								
序号	项目名称	单元编号	单元内容	考核方式	选考方法	考核时间（min）	配分（分）	
1	继电控制电路测绘与故障排除	1	X62W 型万能铣床控制电路测绘与故障排除	操作	抽一	60	25	
		2	T68 型卧式镗床控制电路测绘与故障排除	操作				
		3	20/5 t 桥式起重机控制电路测绘与故障排除	操作				
2	可编程控制系统装调	1	按空间位置关系编程	操作	抽一	60	25	
		2	按时间顺序关系编程	操作				
		3	按时间和位置综合关系编程	操作				
3	交直流传动系统装调	1	直流调速系统装调、测量	操作	抽一	60	25	
		2	交流调速系统装调、测量	操作				
4	应用电子电路装调维修	1	电子线路装调、波形测绘、故障排除	操作	抽一	60	25	
		2	电力电子线路装调、波形测绘、故障排除	操作				
合计						240	100	
备注								

第2部分

鉴定要素细目表

职业（工种）名称				电工	等级	三级
职业代码						
序号	鉴定点代码			鉴定点内容	备注	
	章	节	目	点		
	1				电子技术	
	1	1			负反馈放大电路	
	1	1	1		反馈的基本概念及负反馈放大电路反馈组态的判别	
1	1	1	1	1	反馈及反馈放大电路的概念	
2	1	1	1	2	负反馈的概念及用途	
3	1	1	1	3	正反馈的概念及用途	
4	1	1	1	4	电压负反馈的概念及作用	
5	1	1	1	5	电流负反馈的概念及作用	
6	1	1	1	6	交流负反馈的概念及作用	
7	1	1	1	7	直流负反馈的概念及作用	
8	1	1	1	8	串联负反馈的概念及作用	
9	1	1	1	9	并联负反馈的概念及作用	
	1	1	2		负反馈对放大电路性能的影响	
10	1	1	2	1	负反馈对放大倍数的影响	
11	1	1	2	2	直流负反馈对放大电路的影响	
12	1	1	2	3	交流负反馈对放大电路的影响	

职业（工种）名称				电工	等级	三级
职业代码						
序号	鉴定点代码				鉴定点内容	备注
	章	节	目	点		
13	1	1	2	4	通频带的概念及负反馈对通频带的影响	
14	1	1	2	5	负反馈的各种反馈组态对输入电阻和输出电阻的影响	
	1	1	3		负反馈电路电压放大倍数的一般表达式及其估算	
15	1	1	3	1	负反馈放大电路及深度负反馈放大电路的闭环放大倍数	
16	1	1	3	2	负反馈深度对放大电路的影响	
17	1	1	3	3	深度负反馈放大电路的特点	
	1	1	4		负反馈放大器产生自激振荡的原因与消振措施	
18	1	1	4	1	负反馈放大器产生自激振荡的原因	
19	1	1	4	2	消除高频和低频自激振荡的方法	
	1	2			集成运算放大器及应用	
	1	2	1		集成运算放大器的结构及主要技术指标	
20	1	2	1	1	集成运算放大器的电路结构	
21	1	2	1	2	集成运算放大器的主要参数	
22	1	2	1	3	理想运算放大器的条件及其分析依据	
	1	2	2		集成运算放大器的线性应用	
23	1	2	2	1	集成运算放大器在线性应用时的主要特点	
24	1	2	2	2	反相比例运算放大电路	
25	1	2	2	3	同相比例运算放大电路	
26	1	2	2	4	加法运算电路	
27	1	2	2	5	积分器	
28	1	2	2	6	微分器	
	1	2	3		集成运算放大器的非线性应用（电平比较、滞回比较、非正弦波发电器）	
29	1	2	3	1	集成运算放大器非线性应用的主要特点	

续表

职业（工种）名称					电工	等级	三级
职业代码							
序号	鉴定点代码				鉴定点内容	备注	
	章	节	目	点			
30	1	2	3	2	比较器的电路结构及特点		
31	1	2	3	3	电平比较器		
32	1	2	3	4	滞回比较器		
33	1	2	3	5	非正弦波发生器		
	1	3			数字电子技术基础		
	1	3	1		数字电路的特点及分类		
34	1	3	1	1	数字电路的主要特点		
35	1	3	1	2	数字电路的分类		
	1	3	2		数制与码制		
36	1	3	2	1	二进制、八进制、十进制与十六进制		
37	1	3	2	2	各种进位计数制的转换		
38	1	3	2	3	二-十进制码（BCD码）		
	1	3	3		门电路		
39	1	3	3	1	基本逻辑门电路的符号、逻辑关系、电路		
40	1	3	3	2	与非门的符号、逻辑关系		
41	1	3	3	3	或非门的符号、逻辑关系		
42	1	3	3	4	异或门、同或门的逻辑函数		
	1	3	4		逻辑函数的基本概念		
43	1	3	4	1	逻辑函数的表示方法		
44	1	3	4	2	逻辑代数的基本定律		
45	1	3	4	3	逻辑代数的公式		
	1	3	5		逻辑函数的化简		
46	1	3	5	1	逻辑函数代数化简法		
47	1	3	5	2	逻辑函数卡诺图化简法		

续表

职业（工种）名称				电工	等级	三级
职业代码						
序号	鉴定点代码				鉴定点内容	备注
	章	节	目	点		
	1	4			集成逻辑门电路和组合逻辑电路	
	1	4	1		TTL 逻辑门电路	
48	1	4	1	1	TTL 与非门的电路结构	
49	1	4	1	2	TTL 门电路的主要参数	
50	1	4	1	3	与非门的传输特性	
51	1	4	1	4	三态门	
52	1	4	1	5	集电极开路与非门	
53	1	4	1	6	TTL 门电路多余输入端的处理	
	1	4	2		CMOS 逻辑门电路	
54	1	4	2	1	MOS 电路的分类及控制方法	
55	1	4	2	2	CMOS 电路的结构	
56	1	4	2	3	CMOS 电路的优点	
57	1	4	2	4	TTL 电路与 CMOS 电路性能的比较	
	1	4	3		组合逻辑电路	
58	1	4	3	1	组合逻辑电路的特点	
59	1	4	3	2	组合逻辑电路的组成	
	1	4	4		常用中规模集成组合逻辑电路	
60	1	4	4	1	编码器	
61	1	4	4	2	译码器	
62	1	4	4	3	译码器作数据分配器使用的方法	
63	1	4	4	4	7 段译码器的工作原理及与数码管的配合使用	
64	1	4	4	5	数据选择器的工作原理及用其实现组合逻辑的方法	
65	1	4	4	6	半加器和全加器	
	1	5			触发器与时序逻辑电路	

续表

职业（工种）名称				电工	等级	三级
职业代码						
序号	章	节	目	点	鉴定点内容	备注
	1	5	1		触发器	
66	1	5	1	1	时序逻辑电路的功能特点和电路结构	
67	1	5	1	2	触发器的电路结构与动作特点	
68	1	5	1	3	基本 RS 触发器	
69	1	5	1	4	同步 RS 触发器	
70	1	5	1	5	D 触发器	
71	1	5	1	6	JK 触发器	
72	1	5	1	7	T 触发器	
	1	5	2		寄存器	
73	1	5	2	1	数据寄存器	
74	1	5	2	2	移位寄存器	
75	1	5	2	3	集成移位寄存器 40194 的功能	
	1	5	3		计数器	
76	1	5	3	1	同步计数器的特点	
77	1	5	3	2	异步计数器的特点	
78	1	5	3	3	异步二进制计数器	
79	1	5	3	4	集成计数器 40192 的功能	
80	1	5	3	5	环形计数器	
81	1	5	3	6	扭环形计数器	
	1	6			脉冲电路	
	1	6	1		555 定时器及其应用	
82	1	6	1	1	555 定时器的电路结构	
83	1	6	1	2	多谐振荡器的特点	
84	1	6	1	3	多谐振荡器的类型	

职业（工种）名称				电工	等级	三级
职业代码						
序号	鉴定点代码				鉴定点内容	备注
	章	节	目	点		
85	1	6	1	4	施密特触发器	
	1	6	2		用门电路组成的脉冲电路	
86	1	6	2	1	环形振荡器和 RC 环形振荡器的特点	
87	1	6	2	2	单稳态触发器的特点	
88	1	6	2	3	单稳态触发器的用途	
	2				电力电子技术	
	2	1			电力电子器件	
	2	1	1		电力二极管	
89	2	1	1	1	不控型、半控型与全控型电力电子器件的判断	
90	2	1	1	2	电力二极管的概念	
	2	1	2		晶闸管	
91	2	1	2	1	晶闸管的开关状态	
92	2	1	2	2	晶闸管的导通条件	
93	2	1	2	3	晶闸管的关断条件	
94	2	1	2	4	晶闸管的额定电压	
95	2	1	2	5	维持电流与擎住电流的应用场合	
96	2	1	2	6	电流波形系数	
97	2	1	2	7	晶闸管的测量	
	2	1	3		全控型器件（GTR，GTO，MOSFET，IGBT）	
98	2	1	3	1	常用全控型器件的名称	
99	2	1	3	2	常用全控型器件的驱动方式	
100	2	1	3	3	GTO，GTR 的驱动电路	
	2	2			可控整流电路	
	2	2	1		三相半波可控整流电路	

续表

职业（工种）名称				电工	等级	三级
职业代码						
序号	鉴定点代码				鉴定点内容	备注
	章	节	目	点		
101	2	2	1	1	三相半波可控整流电路输出电压波形的变化规律	
102	2	2	1	2	三相半波可控整流电路的自然换相点	
103	2	2	1	3	三相半波可控整流电路中晶闸管的导通角	
104	2	2	1	4	三相半波可控整流电路的移相范围	
105	2	2	1	5	续流二极管的作用	
106	2	2	1	6	三相半波可控整流电路输出电压的计算	
107	2	2	1	7	晶闸管的选择	
108	2	2	1	8	三相半波可控整流电路中晶闸管承受的最大正向电压	
109	2	2	1	9	晶闸管可能承受的最大反向电压	
	2	2	2		三相桥式全控整流电路	
110	2	2	2	1	三相桥式全控整流电路的组成	
111	2	2	2	2	三相桥式全控整流电路中晶闸管的导通规律	
112	2	2	2	3	三相桥式全控整流电路输出电压的计算	
113	2	2	2	4	三相桥式全控整流电路输出电流的计算	
114	2	2	2	5	三相桥式全控整流电路中晶闸管电流的计算	
115	2	2	2	6	三相桥式全控整流电路的移相范围	
116	2	2	2	7	三相桥式全控整流电路对触发脉冲的要求	
	2	2	3		三相桥式半控整流电路	
117	2	2	3	1	三相桥式半控整流电路的电路结构	
118	2	2	3	2	三相桥式半控整流电路中各晶闸管触发脉冲之间的相位差	
119	2	2	3	3	三相桥式半控整流电路的移相范围	
120	2	2	3	4	三相桥式半控整流电路输出电压的计算	
121	2	2	3	5	晶闸管电流的计算	

职业（工种）名称				电工	等级	三级
职业代码						
序号	鉴定点代码				鉴定点内容	备注
	章	节	目	点		
	2	2	4		带平衡电抗器的双反星形可控整流电路	
122	2	2	4	1	带平衡电抗器的双反星形可控整流电路的工作原理	
123	2	2	4	2	平衡电抗器的作用	
124	2	2	4	3	带平衡电抗器的双反星形可控整流电路带电感负载时晶闸管电流的计算	
125	2	2	4	4	带平衡电抗器的双反星形可控整流电路的特点	
	2	2	5		整流电路的换相压降与外特性	
126	2	2	5	1	整流电路中换相压降的产生原因	
127	2	2	5	2	换相重叠角	
128	2	2	5	3	可控整流电路的外特性	
	2	2	6		晶闸管的保护	
129	2	2	6	1	过电压的种类	
130	2	2	6	2	过电压的保护措施	
131	2	2	6	3	过电流的保护措施	
132	2	2	6	4	快速熔断器额定电流的计算	
133	2	2	6	5	快速熔断器在电路中的安装位置	
134	2	2	6	6	电压上升率及电流上升率过大对晶闸管的影响	
	2	3			晶闸管触发电路	
	2	3	1		晶闸管触发电路概述	
135	2	3	1	1	晶闸管电路对触发电路的要求	
136	2	3	1	2	触发电路的分类	
	2	3	2		正弦波同步触发电路、锯齿波同步触发电路及集成触发电路	
137	2	3	2	1	触发电路的组成	
138	2	3	2	2	垂直移相控制原理	

职业（工种）名称				电工	等级	三级
职业代码						

序号	鉴定点代码				鉴定点内容	备注
	章	节	目	点		
139	2	3	2	3	同步电压与同步信号	
140	2	3	2	4	正弦波同步触发电路的移相范围	
141	2	3	2	5	锯齿波触发器的辅助环节	
142	2	3	2	6	TC787集成触发器的脉冲封锁功能	
143	2	3	2	7	采用脉冲列调制的目的	
	2	3	3		触发脉冲与主电路电压的同步	
144	2	3	3	1	同步的概念	
145	2	3	3	2	同步的实现方法	
	2	3	4		脉冲变压器与防止误触发措施	
146	2	3	4	1	脉冲变压器的作用	
147	2	3	4	2	防止晶闸管被误触发的措施	
	2	4			晶闸管有源逆变电路	
	2	4	1		有源逆变的工作原理及常用晶闸管有源逆变电路	
148	2	4	1	1	实现有源逆变的条件	
149	2	4	1	2	计算逆变角的方法	
150	2	4	1	3	常用晶闸管有源逆变电路	
	2	4	2		逆变失败与最小逆变角的确定	
151	2	4	2	1	逆变失败的原因	
152	2	4	2	2	最小逆变角的限制	
	2	4	3		晶闸管直流可逆拖动的工作原理	
153	2	4	3	1	静态环流的种类	
154	2	4	3	2	晶闸管变流器的待逆变状态	
	2	5			晶闸管交流开关与交流调压	
	2	5	1		双向晶闸管	

续表

职业（工种）名称				电工	等级	三级
职业代码						

序号	鉴定点代码				鉴定点内容	备注
	章	节	目	点		
155	2	5	1	1	双向晶闸管的额定电流	
156	2	5	1	2	双向晶闸管的触发方式	
	2	5	2		晶闸管交流开关	
157	2	5	2	1	晶闸管交流开关电路的组成	
158	2	5	2	2	调功器常用的触发电路	
	2	5	3		单相交流调压电路	
159	2	5	3	1	单相交流调压电路带电阻或电感负载时的移相范围	
160	2	5	3	2	单相交流调压电路带电感负载时对触发脉冲的要求	
	2	5	4		三相交流调压电路	
161	2	5	4	1	三相交流调压电路的电路结构	
162	2	5	4	2	三相三线交流调压电路对触发脉冲的要求	
	3				电气自动控制技术	
	3	1			继电器、接触器控制电路	
	3	1	1		继电器、接触器控制电路的设计、测绘和分析	
163	3	1	1	1	电气工程图的组成	
164	3	1	1	2	电气原理图中表示电气触点状态的规则	
165	3	1	1	3	电气元件的图形符号和文字符号	
166	3	1	1	4	电路状态的逻辑表示	
167	3	1	1	5	按照电气元件的逻辑表达式画出控制电路图	
168	3	1	1	6	机床电气控制系统中常用的电动机基本控制线路	
169	3	1	1	7	机床电气控制系统中交流异步电动机控制常用的保护环节	
170	3	1	1	8	电气原理图阅读分析的步骤	
	3	1	2		典型生产设备的电气控制电路及常见故障分析	

续表

职业（工种）名称				电工	等级	三级
职业代码						
序号	鉴定点代码				鉴定点内容	备注
	章	节	目	点		
171	3	1	2	1	X62W 型铣床工作台进给方向运动的联锁	
172	3	1	2	2	X62W 型铣床工作台进给运动故障分析	
173	3	1	2	3	T68 型镗床所具备的运动方式	
174	3	1	2	4	T68 型镗床主轴高、低速运行时主轴电动机的联结形式	
175	3	1	2	5	T68 型镗床主轴电动机高、低速不能变换故障分析	
176	3	1	2	6	20/5 t 起重机电气控制线路中主钩电动机的控制装置	
177	3	1	2	7	20/5 t 起重机主钩升降故障的原因	
	3	2			自动控制的基本概念	
	3	2	1		开环控制系统和闭环控制系统概述	
178	3	2	1	1	自动控制的概念	
179	3	2	1	2	开环控制系统和闭环控制系统的概念	
180	3	2	1	3	闭环控制系统的特点	
	3	2	2		闭环控制系统的组成	
181	3	2	2	1	闭环控制系统的基本元件作用	
182	3	2	2	2	闭环控制系统的前向通道、反馈通道	
183	3	2	2	3	自动控制系统的信号	
	3	2	3		自动控制系统的分类	
184	3	2	3	1	前馈控制和复合控制的概念	
185	3	2	3	2	自动控制系统按给定量的特点分类	
	3	3			晶闸管直流调速系统	
	3	3	1		直流调速系统技术基础	
186	3	3	1	1	他励直流电动机调速方法	
187	3	3	1	2	直流电动机调压调速系统的主要方式	

职业（工种）名称				电工	等级	三级
职业代码						

序号	鉴定点代码				鉴定点内容	备注
	章	节	目	点		
188	3	3	1	3	调速系统的静态主要性能指标	
189	3	3	1	4	调速系统的静差率	
190	3	3	1	5	调速系统的动态主要性能指标	
191	3	3	1	6	晶闸管-电动机系统开环机械特性	
192	3	3	1	7	调速系统中采用的比例调节器（P 调节器）	
193	3	3	1	8	调速系统中采用的积分调节器（I 调节器）	
194	3	3	1	9	调速系统中采用的比例积分调节器（PI 调节器）	
195	3	3	1	10	调节放大器的输出限幅电路	
196	3	3	1	11	调速系统中常用的电平检测器	
197	3	3	1	12	调速系统中电流检测装置	
198	3	3	1	13	调速系统中转速检测装置	
	3	3	2		单闭环直流调速系统	
199	3	3	2	1	转速负反馈有静差直流调速系统及其组成	
200	3	3	2	2	转速负反馈直流调速系统的工作原理	
201	3	3	2	3	转速负反馈闭环调速系统的静特性概念	
202	3	3	2	4	开环调速系统和闭环调速系统的性能比较	
203	3	3	2	5	转速负反馈闭环调速系统的特点	
204	3	3	2	6	转速负反馈无静差直流调速系统及其组成	
205	3	3	2	7	转速负反馈无静差直流调速系统负载变化时系统的调节过程	
206	3	3	2	8	电流截止负反馈环节	
207	3	3	2	9	带电流截止负反馈转速负反馈的直流调速系统及其静特性	
208	3	3	2	10	电压负反馈直流调速系统	
209	3	3	2	11	带电流正反馈的电压负反馈直流调速系统	

续表

序号	鉴定点代码				鉴定点内容	备注
	章	节	目	点	职业（工种）名称：电工　等级：三级	
	3	3	3		转速、电流双闭环直流调速系统	
210	3	3	3	1	转速、电流双闭环调速系统的组成	
211	3	3	3	2	转速、电流双闭环直流调速系统的工作原理	
212	3	3	3	3	转速、电流双闭环调速系统启动过程分析	
213	3	3	3	4	突加负载时转速、电流双闭环调速系统动态过程分析	
214	3	3	3	5	电源电压波动时转速、电流双闭环调速系统动态过程分析	
215	3	3	3	6	转速、电流双闭环调速系统中转速调节器的作用	
216	3	3	3	7	转速、电流双闭环调速系统中电流调节器的作用	
	3	3	4		晶闸管-电动机可逆直流调速系统	
217	3	3	4	1	晶闸管-电动机可逆直流调速系统的可逆电路形式	
218	3	3	4	2	直流电动机和晶闸管变流器的工作状态	
219	3	3	4	3	电枢反并联可逆调速系统的工作状态	
220	3	3	4	4	电枢反并联可逆调速系统的类型及其特点	
221	3	3	4	5	逻辑无环流可逆调速系统的组成	
222	3	3	4	6	可逆系统对逻辑装置的基本要求	
223	3	3	4	7	逻辑装置的基本组成	
	3	3	5		晶闸管直流调速系统的调试步骤与方法	
224	3	3	5	1	三相交流电源相序测定方法	
225	3	3	5	2	转速、电流双闭环调速系统的调试步骤与方法	
	3	3	6		全数字直流调速系统	
226	3	3	6	1	全数字直流调速系统的特点	
227	3	3	6	2	全数字直流调速系统中的光电编码器类型及其使用	
	3	4			交流变频调速系统	

续表

职业（工种）名称				电工	等级	三级
职业代码						
序号	鉴定点代码				鉴定点内容	备注
	章	节	目	点		
	3	4	1		交流调速的基本原理和方法	
228	3	4	1	1	交流电动机调速方法	
229	3	4	1	2	变频调速的基本原理及其性能	
230	3	4	1	3	变频调速系统的基本控制方式	
231	3	4	1	4	变频器的分类	
232	3	4	1	5	变频器的作用与功能	
233	3	4	1	6	交-直-交变频装置的组成与分类	
234	3	4	1	7	变频调速系统的输出电压调节方式	
235	3	4	1	8	电压型逆变器的主要特点	
236	3	4	1	9	电流型逆变器的主要特点	
	3	4	2		脉宽调制（SPWM）型变频调速系统基本原理	
237	3	4	2	1	PWM 型变频器特点	
238	3	4	2	2	SPWM 型逆变器的概念	
239	3	4	2	3	SPWM 型变频器的工作原理	
240	3	4	2	4	SPWM 型逆变器的同步调制和异步调制	
	3	4	3		全数字通用变频器的应用知识	
241	3	4	3	1	通用变频器的组成	
242	3	4	3	2	通用变频器的规格指标	
243	3	4	3	3	通用变频器的过载能力	
244	3	4	3	4	通用变频器的制动方式	
245	3	4	3	5	通用变频器的频率给定方式	
246	3	4	3	6	通用变频器的保护功能	
247	3	4	3	7	通用变频器的容量选择及注意事项	
248	3	4	3	8	通用变频器的安装环境和安装空间	

续表

职业（工种）名称				电工	等级	三级
职业代码						
序号	鉴定点代码				鉴定点内容	备注
	章	节	目	点		
249	3	4	3	9	通用变频器的标准接线与端子功能	
250	3	4	3	10	通用变频器操作面板的主要功能	
251	3	4	3	11	通用变频器通电调试前检查的主要内容	
252	3	4	3	12	通用变频器试运行的主要内容	
	3	5			步进电动机及其驱动电路	
	3	5	1		步进电动机	
253	3	5	1	1	步进电动机功能及其分类	
254	3	5	1	2	步进电动机的工作原理	
	3	5	2		步进电动机驱动电路	
255	3	5	2	1	步进电动机驱动电路的组成	
256	3	5	2	2	步进电动机功率驱动电路的类型及其特点	
	4				可编程控制器（PLC）应用技术	
	4	1			可编程控制器的基本概念	
	4	1	1		可编程控制器的定义及特点	
257	4	1	1	1	可编程控制器的性质	
258	4	1	1	2	PLC控制系统与继电接触器控制系统的差异	
259	4	1	1	3	可编程控制器的发展历史和趋势	
260	4	1	1	4	可编程控制器产品归类	
261	4	1	1	5	可编程控制器的输出继电器	
262	4	1	1	6	可编程控制器的输入	
	4	1	2		可编程控制器的硬件及其结构	
263	4	1	2	1	可编程控制器的组成	
264	4	1	2	2	可编程控制器的型号	
265	4	1	2	3	输入电路与输出电路	

续表

序号	鉴定点代码				鉴定点内容	备注
	章	节	目	点		
	4	1	3		可编程控制器编程语言的表达方式	
266	4	1	3	1	可编程控制器的编程语言	
267	4	1	3	2	按逻辑指令梯形图方式编程	
268	4	1	3	3	按步进指令梯形图方式编程	
269	4	1	3	4	按功能指令方式编程	
270	4	1	3	5	可编程控制器梯形图"能流"的概念	
	4	1	4		可编程控制器的工作原理	
271	4	1	4	1	可编程控制器输入信息采集	
272	4	1	4	2	可编程控制器通过编程达到各种逻辑功能	
273	4	1	4	3	循环扫描工作方式	
274	4	1	4	4	可编程控制器的扫描周期与程序的步数	
	4	1	5		可编程控制器的输出形式和性能指标	
275	4	1	5	1	可编程控制器的继电器输出	
276	4	1	5	2	可编程控制器用于控制交流负载输出	
277	4	1	5	3	可编程控制器适应高速通断输出	
278	4	1	5	4	可编程控制器的主要技术指标	
	4	2			可编程控制器的指令及编程	
	4	2	1		可编程控制器的主要编程元件	
279	4	2	1	1	可编程控制器的内部辅助继电器及其应用	
280	4	2	1	2	输入继电器及其应用	
281	4	2	1	3	输出继电器及其应用	
282	4	2	1	4	定时器及其应用	
283	4	2	1	5	状态元件及其应用	
284	4	2	1	6	计数器及其应用	

表头信息：

职业（工种）名称	电工	等级	三级
职业代码			

续表

序号	鉴定点代码				鉴定点内容	备注
	职业（工种）名称				**电工**	等级 三级
	职业代码					
	章	节	目	点		
285	4	2	1	7	数据寄存器及其应用	
286	4	2	1	8	常用特殊辅助继电器及其应用	
287	4	2	1	9	数据类软元件的概念及其特点	
	4	2	2		可编程控制器编程的基本规则	
288	4	2	2	1	梯形图编程的基本规则	
289	4	2	2	2	可编程控制器的梯形图与继电接触器控制线路关系	
290	4	2	2	3	梯形图编程的常用技巧	
291	4	2	2	4	串联接点较多的电路	
292	4	2	2	5	并联接点较多的电路	
293	4	2	2	6	触点块的联结	
294	4	2	2	7	梯形图的结构规则	
	4	2	3		基本指令及其编程方法	
295	4	2	3	1	基本指令的格式	
296	4	2	3	2	各基本指令的含义及使用方法	
297	4	2	3	3	栈操作指令的含义及使用方法	
298	4	2	3	4	主控触点指令	
299	4	2	3	5	可编程控制器基本指令编程实例	
	4	2	4		可编程控制器步进顺控指令	
300	4	2	4	1	步进指令的含义及其用法	
301	4	2	4	2	状态转移图的组成	
302	4	2	4	3	状态的三要素	
303	4	2	4	4	状态转移图的几种流程	
	4	2	5		状态流程图及其编程方法	

续表

序号	鉴定点代码				鉴定点内容	备注
	章	节	目	点		
职业（工种）名称					电工　　　　　　　　　　　　等级　三级	

序号	章	节	目	点	鉴定点内容	备注
304	4	2	5	1	选择性分支的编程原则	
305	4	2	5	2	并行性分支的编程原则	
306	4	2	5	3	状态流程图的编程	
307	4	2	5	4	在 STL 指令后，双线圈的应用方法	
308	4	2	5	5	STL 指令和 RET 指令	
309	4	2	5	6	可编程控制器步进顺控指令编程实例	
	4	2	6		常用功能指令简介	
310	4	2	6	1	功能指令的格式	
311	4	2	6	2	功能指令中的字元件与位元件	
312	4	2	6	3	功能指令的数据长度及执行形式	
313	4	2	6	4	操作数的分类及表示形式	
314	4	2	6	5	功能指令的分类	
315	4	2	6	6	可编程控制器功能指令的主要作用	
316	4	2	6	7	比较指令的应用方法	
317	4	2	6	8	传送指令的应用方法	
318	4	2	6	9	变址寄存器 V，Z 的应用方法	
319	4	2	6	10	触点比较指令	
	4	3			可编程控制器的应用方法	
	4	3	1		可编程控制器的应用步骤及方法	
320	4	3	1	1	程序设计的步骤	
321	4	3	1	2	编程软件的应用方法	
322	4	3	1	3	应用程序的输入与监控	
	4	3	2		可编程控制器的选型	
323	4	3	2	1	选择可编程控制器的原则	

续表

序号	鉴定点代码				鉴定点内容	备注
	章	节	目	点		
	职业（工种）名称				电工	等级　三级

序号	章	节	目	点	鉴定点内容	备注
324	4	3	2	2	在可编程控制器选型时所考虑的主要因素	
325	4	3	2	3	PLC扩展单元的功能	
	4	3	3		可编程控制器安装维护及应用中的注意事项	
326	4	3	3	1	PLC面板上"PROG. E"指示灯表达的内容	
327	4	3	3	2	PLC面板上"RUN"指示灯表达的内容	
328	4	3	3	3	PLC面板上"BATT. V"指示灯表达的内容	
329	4	3	3	4	可编程控制器采用的接地方式	
330	4	3	3	5	可编程控制器的布线	
331	4	3	3	6	日常清洁与巡查，定期检查与维修	
332	4	3	3	7	锂电池的作用和更换	

第3部分

理论知识复习题

电子技术

一、判断题（将判断结果填入括号中。正确的填"√"，错误的填"×"）

1. 具有反馈元件的放大电路即为反馈放大电路。 （　　）

2. 正反馈主要用于振荡电路，负反馈主要用于放大电路。 （　　）

3. 若反馈信号使净输入信号增大，因而输出信号也增大，这种反馈称为正反馈。 （　　）

4. 把输出电压短路后，如果反馈不存在了，则此反馈是电压反馈。 （　　）

5. 把输出电压短路后，如果反馈仍存在，则此反馈是电流反馈。 （　　）

6. 在反馈电路中，反馈量是交流分量的称为交流反馈。 （　　）

7. 在反馈电路中，反馈量是直流分量的称为直流反馈。 （　　）

8. 要求放大电路带负载能力强、输入电阻高，应引入电流串联负反馈。 （　　）

9. 射极跟随器是电流并联负反馈电路。 （　　）

10. 采用交流负反馈既可提高放大倍数的稳定性，又可增大放大倍数。 （　　）

11. 放大电路要稳定静态工作点，则必须加直流负反馈电路。 （　　）

12. 交流负反馈不仅能稳定取样对象，而且能提高输入电阻。 （　　）

13. 在放大电路中，上限频率与下限频率之间的频率范围称为放大电路的通频带。 （　　）

14. 为了提高放大器的输入电阻、减小输出电阻，应该采用电流串联负反馈。 （　　）

15. 深度负反馈放大电路的闭环电压放大倍数为 $\dot{A}_f = 1/\dot{F}$。 （　　）

16. 在深度负反馈下，闭环增益与管子的参数几乎无关，因此可任意选用管子组成放大电路。（　　）

17. 在深度负反馈条件下，串联负反馈放大电路的输入电压与反馈电压近似相等。（　　）

18. 负反馈放大电路产生低频自激振荡的原因是多级放大器的附加相移大。（　　）

19. 消除低频自激振荡最常用的方法是在电路中接入 RC 校正电路。（　　）

20. 由于集成运算放大器是直接耦合的放大电路，因此只能放大直流信号，不能放大交流信号。（　　）

21. 共模抑制比 KCMR 越大，抑制放大电路的零点漂移能力越强。（　　）

22. 理想运算放大器不论工作在线性放大状态，还是非线性状态，理想运算放大器的反相输入端与同相输入端均不从信号源索取电流。（　　）

23. 集成运算放大器工作在线性区时，必须加入负反馈。（　　）

24. 在反相比例运算放大电路中为了用低值电阻得到高电压放大倍数，可用 T 型网络代替反馈电阻 RF。（　　）

25. 同相比例运算电路中集成运算放大器的反相输入端为虚地。（　　）

26. 加法运算电路可分为同相加法电路和反相加法电路。（　　）

27. 运算放大器组成的积分器，当输入为恒定直流电压时，输出即从初始值起线性变化。（　　）

28. 微分器在输入越大时，输出变化越快。（　　）

29. 当集成运算放大器工作在非线性区时，输出电压不是高电平，就是低电平。（　　）

30. 比较器的输出电压可以是电源电压范围内的任意值。（　　）

31. 电平比较器比滞回比较器抗干扰能力强，而滞回比较器比电平比较器灵敏度高。（　　）

32. 在输入电压从足够低逐渐增大到足够高的过程中，电平比较器和滞回比较器的输出电压均只跃变一次。（　　）

33. 用集成运算放大器组成的自激式方波发生器，其充放电共用一条回路。（　　）

34. 数字电路处理的信息是二进制数码。（　　）

35. 若电路的输出与各输入量的状态之间有着一一对应的关系，则此电路是时序逻辑电路。　　　　　　　　　　　　　　　　　　　　　　　　　　　　　（　　）

36. 八进制数有 1～8 共 8 个数码，基数为 8，计数规律是逢 8 进 1。　　　（　　）

37. 把十六进制数 26 H 化为二-十进制数是 00100110。　　　　　　　　　（　　）

38. BCD 码就是二-十进制编码。　　　　　　　　　　　　　　　　　　　（　　）

39. 由三个开关并联控制一个电灯时，电灯的亮与不亮同三个开关的闭合或断开之间的对应关系属于"与"的逻辑关系。　　　　　　　　　　　　　　　　　　　　　（　　）

40. 对于与非门来讲，其输入-输出关系为有 0 出 1、全 1 出 0。　　　　　（　　）

41. 对于或非门来讲，其输入-输出关系为有 0 出 1、全 1 出 0。　　　　　（　　）

42. 1001 个"1"连续异或的结果是 1。　　　　　　　　　　　　　　　　（　　）

43. 对于任何一个逻辑函数来讲，其逻辑图都是唯一的。　　　　　　　　（　　）

44. 变量和函数值均只能取 0 或 1 的函数称为逻辑函数。　　　　　　　　（　　）

45. 已知 $AB=AC$，则 $B=C$。　　　　　　　　　　　　　　　　　　　（　　）

46. 已知 $A+B=A+C$，则 $B=C$。　　　　　　　　　　　　　　　　　（　　）

47. 卡诺图是真值表的另外一种排列方法。　　　　　　　　　　　　　　（　　）

48. TTL 电路的输入端是三极管的发射极。　　　　　　　　　　　　　　（　　）

49. TTL 电路的低电平输入电流远大于高电平输入电流。　　　　　　　　（　　）

50. 门电路的传输特性是指输出电压与输入电压之间的关系。　　　　　　（　　）

51. 三态门的第三种输出状态是高阻状态。　　　　　　　　　　　　　　（　　）

52. TTL 电路的 OC 门输出端可以并联使用。　　　　　　　　　　　　　（　　）

53. TTL 输入端允许悬空，悬空时相当于输入低电平。　　　　　　　　　（　　）

54. MOS 管是用栅极电流来控制漏极电流大小的。　　　　　　　　　　　（　　）

55. CMOS 集成门电路的内部电路由场效应管构成。　　　　　　　　　　（　　）

56. CMOS 电路的工作速度可与 TTL 相比较，而它的功耗和抗干扰能力则远优于 TTL。　　　　　　　　　　　　　　　　　　　　　　　　　　　　　　（　　）

57. TTL 集成门电路与 CMOS 集成门电路的静态功耗差不多。　　　　　　（　　）

58. 组合逻辑电路的功能特点是：任意时刻的输出只取决于该时刻的输入，而与电路的

过去状态无关。　　　　　　　　　　　　　　　　　　　　　　　　（　　）

59. 在组合逻辑电路中，门电路存在反馈线。　　　　　　　　　　　　（　　）

60. 编码器的特点是在任一时刻只有一个输入有效。　　　　　　　　　（　　）

61. 一位 8421BCD 码译码器的数据输入线与译码输出线的组合是 4∶10。（　　）

62. 带有控制端的基本译码器可以组成数据分配器。　　　　　　　　　（　　）

63. 共阴极的半导体数码管应该配用低电平有效的数码管译码器。　　　（　　）

64. 用一个十六选一的数据选择器可以实现任何一个输入为四变量的组合逻辑函数。
　　　　　　　　　　　　　　　　　　　　　　　　　　　　　　　（　　）

65. 两个二进制数相加时，不考虑低位的进位信号的是半加器。　　　　（　　）

66. 时序逻辑电路一般是由记忆部分触发器和控制部分组合电路两部分组成的。（　　）

67. 触发器是能够记忆一位二值量信息的基本逻辑单元电路。　　　　　（　　）

68. 凡是称为触发器的电路都具有记忆功能。　　　　　　　　　　　　（　　）

69. 在基本 RS 触发器的基础上，加两个或非门即可构成同步 RS 触发器。（　　）

70. CC4013 是具有上升沿触发的 D 触发器。　　　　　　　　　　　　（　　）

71. CC4027 是具有上升沿触发的 JK 触发器。　　　　　　　　　　　（　　）

72. T 触发器都是下降沿触发的。　　　　　　　　　　　　　　　　　（　　）

73. 用 D 触发器组成的数据寄存器在寄存数据时必须先清零，然后才能输入数据。
　　　　　　　　　　　　　　　　　　　　　　　　　　　　　　　（　　）

74. 移位寄存器除具有寄存器的功能外，还可将数码移位。　　　　　　（　　）

75. CC40194 是一个具有低电平有效的直接清零功能的 4 位双向通用移位寄存器。
　　　　　　　　　　　　　　　　　　　　　　　　　　　　　　　（　　）

76. 计数脉冲引至所有触发器的 CP 端，使应翻转的触发器同时翻转，称为同步计数器。
　　　　　　　　　　　　　　　　　　　　　　　　　　　　　　　（　　）

77. 计数脉冲引至所有触发器的 CP 端，使应翻转的触发器同时翻转，称为异步计数器。
　　　　　　　　　　　　　　　　　　　　　　　　　　　　　　　（　　）

78. 二进制异步减法计数器的接法必须把低位触发器的 Q 端与高位触发器的 CP 端相连。
　　　　　　　　　　　　　　　　　　　　　　　　　　　　　　　（　　）

79. 根据不同需要，在集成计数器 CC40192 芯片的基础上，通过采用反馈归零法、预置数法、进位输出置最小数法等可以实现任意进制的计数器。　　　　（　　）

80. 将移位寄存器的最高位的输出端接至最低位的输入端构成环形计数器。（　　）

81. 555 定时器可以用外接控制电压来改变翻转电平。　　　　　　　　（　　）

82. 多谐振荡器是一种非正弦振荡器，它不需外加输入信号，只要接通电源，靠自激产生矩形脉冲信号，其输出脉冲频率由电路参数 R，C 决定。　　　　　（　　）

83. 若将一个正弦波电压信号转换成同一频率的矩形波，应采用多谐振荡器电路。

（　　）

84. 多谐振荡器、单稳态触发器和施密特触发器输出的都是矩形波，因此它们在数字电路中得到广泛应用。　　　　　　　　　　　　　　　　　　　　　　　（　　）

85. 减小电容 C 的容量，可提高 RC 环形振荡器的振荡频率。　　　　　（　　）

86. 555 定时器组成的单稳态触发器是在 TH 端加入正脉冲触发的。　　（　　）

87. 单稳态触发器可以用来做定时控制。　　　　　　　　　　　　　　（　　）

88. 由 n 位寄存器组成的扭环形移位寄存器可以构成 $4n$ 进制计数器。（　　）

二、单项选择题（选择一个正确的答案，将相应的字母填入题内的括号中）

1. 带有反馈的电子电路中所包含的基本放大电路部分是（　　）。

  A. 单级或多级放大电路　　　　　　B. 多级放大电路

  C. 单级放大电路　　　　　　　　　D. 直接耦合多级放大电路

2. 负反馈所能抑制的干扰和噪声是（　　）。

  A. 输入信号所包含的干扰和噪声　　B. 反馈环外的干扰和噪声

  C. 反馈环内的干扰和噪声　　　　　D. 输出信号中的干扰和噪声

3. 若引回的反馈信号使净输入信号（　　），则称这种反馈为正反馈。

  A. 减小　　　　　B. 增大　　　　　C. 不变　　　　　D. 略减小

4. 共集电极放大电路的负反馈组态是（　　）。

  A. 电流串联负反馈　　　　　　　　B. 电流并联负反馈

  C. 电压串联负反馈　　　　　　　　D. 电压并联负反馈

5. 如果把输出电压短路，反馈仍然存在，则该反馈属于（　　）。

A. 电压反馈   B. 电流反馈   C. 串联反馈   D. 并联反馈

6. 在放大电路中通常采用交流负反馈，其目的是为了（　　）。

    A. 改善放大电路的静态性能　　　　　B. 改善放大电路的动态性能

    C. 改善放大电路的静态工作点　　　　D. 改善放大电路的 U_{ce}

7. 若反馈信号只与输出回路的（　　）有关，则称为直流反馈，其作用是稳定放大电路的直流工作状态。

    A. 交流电流量　　　　　　　　　　B. 直流电流量

    C. 交流电压量　　　　　　　　　　D. 功率

8. 带有负反馈的差动放大器电路，如果信号从一个管子的基极输入、反馈信号回到另一个管子的基极，则反馈组态为（　　）。

    A. 串联负反馈　　　B. 并联负反馈　　　C. 电压负反馈　　　D. 电流负反馈

9. 用差动放大器作为输入级的多级放大器，如果信号从某一输入端输入，反馈信号返回到同一个输入端，则此反馈属于（　　）。

    A. 电压反馈　　　B. 电流反馈　　　C. 串联反馈　　　D. 并联反馈

10. 采用交流负反馈既可提高放大倍数的稳定性，又可（　　）。

    A. 增大放大倍数　　B. 减小放大倍数　　C. 增大输入电阻　　D. 减小输出电阻

11. 以下关于直流负反馈作用的说法中正确的是（　　）。

    A. 能改善失真　　　　　　　　　　B. 能改变输入输出电阻

    C. 能稳定放大倍数　　　　　　　　D. 能抑制零漂

12. 为了扩展宽频带，应在放大电路中引入（　　）。

    A. 电流负反馈　　　B. 电压负反馈　　　C. 直流负反馈　　　D. 交流负反馈

13. 在放大电路中，为了扩展通频带，应该采用（　　）。

    A. 电压反馈　　　　　　　　　　　B. 直流负反馈

    C. 交流负反馈　　　　　　　　　　D. 电流反馈

14. 为了提高放大器的输入电阻、减小输出电阻，应该采用（　　）。

    A. 电流串联负反馈　　　　　　　　B. 电流并联负反馈

    C. 电压串联负反馈　　　　　　　　D. 电压并联负反馈

15. 负反馈放大电路的闭环放大倍数为（　　　）。

　　A. $\dot{A}_\text{f}=\dot{A}/(1+\dot{A}\dot{F})$　　　　　　　　B. $\dot{A}_\text{f}=\dot{A}(\dot{A}+\dot{A}_\text{f})$

　　C. $\dot{A}_\text{f}=1/\dot{F}$　　　　　　　　　　　D. $\dot{A}_\text{f}=\dot{F}$

16. 负反馈对放大电路性能的改善（　　　）。

　　A. 与反馈深度有关　　　　　　　　B. 与反馈深度无关

　　C. 由串并联形式决定　　　　　　　D. 由电压电流形式决定

17. 在深度负反馈条件下，串联负反馈放大电路的（　　　）。

　　A. 输入电压与反馈电压近似相等　　B. 输入电流与反馈电流近似相等

　　C. 反馈电压等于输出电压　　　　　D. 反馈电流等于输出电流

18. 负反馈放大电路产生高频自激振荡的原因是（　　　）。

　　A. 多级放大器的附加相移大　　　　B. 电源存在内阻

　　C. 信号源存在内阻　　　　　　　　D. 负载太重

19. 消除因电源内阻引起的低频自激振荡的方法是（　　　）。

　　A. 减小发射极旁路电容　　　　　　B. 电源采用去耦电路

　　C. 增加级间耦合电容　　　　　　　D. 采用高频管

20. 集成运算放大器的中间级采用（　　　）。

　　A. 共基接法　　　B. 共集接法　　　C. 共射接法　　　D. 差分接法

21. 理想集成运算放大器的开环输出电阻是（　　　）。

　　A. 无穷大　　　　B. 0　　　　　　C. 几百欧姆　　　D. 几千欧姆

22. 关于理想运算放大器概念正确的是（　　　）。

　　A. 运放输入端为差动电路，因此它只能放大直流信号

　　B. 输入端电流为零，将输入端断开仍能正常工作

　　C. 两输入端电压相等，因此输入端短接后仍能正常工作

　　D. 以上判断均不正确

23. 分析运算放大器线性应用电路时，（　　　）的说法是错误的。

　　A. 两个输入端的净输入电流与净输入电压都为 0

　　B. 运算放大器的开环电压放大倍数为无穷大

C. 运算放大器的输入电阻为无穷大

D. 运算放大器的反相输入端电位一定是"虚地"

24. 在反相比例运算放大电路中，当反馈电阻 RF 减小时，该放大电路的（　　）。

　　A. 频带变宽、稳定性降低　　　　　　B. 频带变宽、稳定性提高

　　C. 频带不变、稳定性提高　　　　　　D. 频带不变、稳定性降低

25. 一个由理想运算放大器组成的同相比例运算放大电路，其输入电阻、输出电阻的关系是（　　）。

　　A. 输入电阻高、输出电阻低　　　　　B. 输入电阻、输出电阻均很高

　　C. 输入电阻、输出电阻均很低　　　　D. 输入电阻低、输出电阻高

26. （　　）可实现函数 $Y=aX_1+bX_2+cX_3$，a，b 和 c 均大于零。

　　A. 反相比例运算放大电路　　　　　　B. 同相比例运算放大电路

　　C. 反相求和运算电路　　　　　　　　D. 同相求和运算电路

27. 欲将方波电压转换成三角波电压，应选用（　　）。

　　A. 反相比例运算电路　　　　　　　　B. 积分运算电路

　　C. 微分运算电路　　　　　　　　　　D. 加法运算电路

28. 微分器在输入（　　）时输出越大。

　　A. 越大　　　　　　　　　　　　　　B. 越小

　　C. 变动越快　　　　　　　　　　　　D. 变动越慢

29. 以下集成运算放大器电路中，处于非线性工作状态的是（　　）。

　　A. 反相比例放大电路　　　　　　　　B. 同相比例放大电路

　　C. 同相电压跟随器　　　　　　　　　D. 过零电压比较器

30. 集成运算放大器组成的比较器必定（　　）。

　　A. 无反馈　　　　　　　　　　　　　B. 有正反馈

　　C. 有负反馈　　　　　　　　　　　　D. 无反馈或有正反馈

31. 反相型过零电平比较器，在其输入端加入一个正弦波，则输出信号为（　　）。

　　A. 正弦波　　　　B. 方波　　　　C. 三角波　　　　D. 锯齿波

32. 在下面各种电压比较器中，抗干扰能力最强的是（　　）。

A. 过零比较器　　　B. 单限比较器　　　C. 双限比较器　　　D. 滞回比较器

33. 用运算放大器组成的锯齿波发生器一般由（　　）两部分组成。

A. 积分器和微分器　　　　　　　B. 微分器和比较器

C. 积分器和比较器　　　　　　　D. 积分器和差动放大

34. 分析数字电路的主要工具是逻辑代数，数字电路又称作（　　）。

A. 逻辑电路　　　　　　　　　　B. 控制电路

C. 代数电路　　　　　　　　　　D. 解发电路

35. 若电路的输出和各输入量之间有着一一对应关系，则此电路属于（　　）。

A. 组合逻辑电路　　B. 时序逻辑电路　　C. 逻辑电路　　　　D. 门电路

36. 二进制是以 2 为基数的进位数制，一般用字母（　　）表示。

A. H　　　　　　　B. B　　　　　　　C. A　　　　　　　D. O

37. 十六进制数 FFH 转换为十进制数为（　　）。

A. 1 515　　　　　B. 225　　　　　　C. 255　　　　　　D. 256

38. 下列说法中与 BCD 码的性质不符的是（　　）。

A. 一组四位二进制数组成的码只能表示一位十进制数

B. BCD 码是一种人为选定的 0~9 十个数字的代码

C. BCD 码是一组四位二进制数，能表示十六以内的任何一个十进制数

D. BCD 码有多种

39. 对于或门来讲，其输入-输出关系为（　　）。

A. 有 1 出 1　　　　B. 有 0 出 1　　　　C. 全 0 出 1　　　　D. 全 1 出 0

40. 对于与非门来讲，其输入-输出关系为（　　）。

A. 有 1 出 0　　　　B. 有 0 出 0　　　　C. 全 1 出 1　　　　D. 全 1 出 0

41. 对于或非门来讲，其输入-输出关系为（　　）。

A. 有 1 出 0　　　　B. 有 0 出 0　　　　C. 全 1 出 1　　　　D. 全 1 出 0

42. 若将一个 TTL 异或门（输入端为 A，B）当作反相器使用，则 A，B 端（　　）
连接。

A. 有一个接 1　　　　　　　　　B. 有一个接 0

C. 并联使用　　　　　　　　　　　D. 不能实现

43. 由函数式 $Y=A\bar{B}+BC$ 可知，只要 $A=0$，$B=1$，输出 Y 就（　　）。

    A. 等于 0　　　　　　　　　　　B. 等于 1

    C. 不一定，要由 C 值决定　　　　D. 等于 BC

44. 符合逻辑运算法则的是（　　）。

    A. $C \cdot C = C^2$　　　B. $1+1=10$　　　C. $0<1$　　　　D. $A+1=1$

45. 下列说法正确的是（　　）。

    A. 已知逻辑函数 $A+B=AB$，则 $A=B$

    B. 已知逻辑函数 $A+B=A+C$，则 $B=C$

    C. 已知逻辑函数 $AB=AC$，则 $B=C$

    D. 已知逻辑函数 $A+B=A$，则 $B=1$

46. 已知 $Y=A+BC$，则下列说法正确的是（　　）。

    A. 当 $A=0$，$B=1$，$C=0$ 时，$Y=1$　　　B. 当 $A=0$，$B=0$，$C=1$ 时，$Y=1$

    C. 当 $A=1$，$B=0$，$C=0$ 时，$Y=1$　　　D. 当 $A=1$，$B=0$，$C=0$ 时，$Y=0$

47. 在四变量卡诺图中，逻辑上不相邻的一组最小项为（　　）。

    A. m1 与 m3　　　B. m4 与 m6　　　C. m5 与 m13　　　D. m2 与 m8

48. 下列说法正确的是（　　）。

    A. 双极型数字集成门电路是以场效应管为基本器件构成的集成电路

    B. TTL 逻辑门电路是以晶体管为基本器件构成的集成电路

    C. COMS 集成门电路集成度高，但功耗较高

    D. TTL 逻辑门电路和 COMS 集成门电路不能混合使用

49. 已知 TTL 与非门电源电压为 5 V，则它的输出高电平 $U_{OH}=$（　　）V。

    A. 3.6　　　　　　B. 0　　　　　　C. 1.4　　　　　　D. 5

50. 下列说法正确的是（　　）。

    A. 一般 TTL 逻辑门电路的输出端彼此可以并接

    B. 门电路的传输特性是指输出电压与输入电压之间的关系

    C. 输入负载特性是指输入端对地接入电阻 R 时，输入电流随 R 变化的关系曲线

D. 电压传输特性是指 TTL 与非门的输入电压与输入电流之间的关系

51. TTL 电路的三态门输出端可以（　　　）使用。

    A. 串联　　　　　　B. 混联　　　　　　C. 并联　　　　　　D. 关联

52. （　　　）是输出端可实现线与功能的电路。

    A. 或非门　　　　　B. 与非门　　　　　C. 异或门　　　　　D. OC 门

53. TTL 与非门的多余输入端悬空时，相当于输入（　　　）。

    A. 高电平　　　　　B. 低电平　　　　　C. 零电平　　　　　D. 电平

54. PMOS 管的开启电压 U_T 为（　　　）。

    A. 正值　　　　　　B. 负值　　　　　　C. 零值　　　　　　D. 正负值都有可能

55. 对 CMOS 与非门电路，其多余输入端正确的处理方法是（　　　）。

    A. 通过大电阻接地（＞1.5 kΩ）　　　　　B. 悬空

    C. 通过小电阻接地（＜1 kΩ）　　　　　D. 通过电阻接 VDD

56. CMOS 电路输出的高电平是（　　　）。

    A. 1.4 V　　　　　B. 2.4 V　　　　　C. 电源电压的 1/2　　D. 电源电压

57. CMOS74HC 系列逻辑门与 TTL74LS 系列逻辑门相比，工作速度和静态功损分别为（　　　）。

    A. 低、低　　　　　B. 不相上下、远低　　C. 高、远低　　　　D. 高、不相上下

58. 下列说法正确的是（　　　）。

    A. 组合逻辑电路是指电路在任意时刻的稳定输出状态，和同一时刻电路的输入信号以及输入信号作用前的电路状态均有关

    B. 组合逻辑电路的特点是电路中没有反馈，信号是单方向传输的

    C. 当只有一个输出信号时，电路为多输入多输出组合逻辑电路

    D. 组合逻辑电路的特点是电路中有反馈，信号是双方向传输的

59. （　　　）属于组合逻辑电路。

    A. 寄存器　　　　　B. 全加器　　　　　C. 计数器　　　　　D. 扭环行计数器

60. （　　　）电路在任何时刻只能有一个输入端有效。

    A. 二进制译码器　　　　　　　　　　B. 普通二进制编码器

C. 七段显示译码器　　　　　　　　　D. 优先编码器

61. CC4028 译码器的数据输入线与译码输出线的组合是（　　）。

  A. 4∶7　　　　　B. 1∶10　　　　　C. 4∶10　　　　　D. 2∶4

62. 带有控制端的基本译码器可以组成（　　）。

  A. 数据分配器　　B. 二进制编码器　　C. 数据选择器　　D. 十进制计数器

63. 七段显示译码器是指（　　）的电路。

  A. 将二进制代码转换成 0～9

  B. 将 BCD 码转换成七段显示字形信号

  C. 将 0～9 转换成 BCD 码

  D. 将七段显示字形信号转换成 BCD 码

64. 十六路数据选择器的地址输入（选择控制）端有（　　）个。

  A. 16　　　　　B. 2　　　　　C. 4　　　　　D. 8

65. 一位全加器具有（　　）个输入和 2 个输出。

  A. 3　　　　　B. 2　　　　　C. 4　　　　　D. 8

66. 时序逻辑电路的一般结构由组合逻辑电路与（　　）组成。

  A. 全加器　　　B. 存储电路　　　C. 译码器　　　D. 选择器

67. 双稳态触发脉冲过窄，将会使电路出现的后果是（　　）。

  A. 空翻　　　B. 正常翻转　　　C. 触发而不翻转　　　D. 随机性乱翻转

68. 用或非门组成的基本 RS 触发器的所谓"状态不定"是发生在 R，S 端同时加入信号（　　）。

  A. $R=0$，$S=0$　　B. $R=0$，$S=1$　　C. $R=1$，$S=0$　　D. $R=1$，$S=1$

69. 触发器的 Rd 端是（　　）。

  A. 高电平直接置 0 端　　　　　　　B. 高电平直接置 1 端

  C. 低电平直接置 0 端　　　　　　　D. 低电平直接置 1 端

70. 当维持-阻塞 D 触发器的异步置 0 端为 0 时，触发器的次态（　　）。

  A. 与 CP 和 D 有关　　　　　　　　B. 与 CP 和 D 无关

  C. 只与 CP 有关　　　　　　　　　D. 只与 D 有关

71. CC4027JK 触发器正常工作时，其 R 端和 S 端应（　　）。

    A. 接高电平　　　　B. 悬空　　　　　C. 接低电平　　　　　D. 接电源

72. 一个 T 触发器，在 $T=1$ 时，加上时钟脉冲，则触发器（　　）。

    A. 保持原态　　　　B. 置 0　　　　　C. 置 1　　　　　　D. 翻转

73. 四位并行输入寄存器输入一个新的四位数据时需要（　　）个 CP 时钟脉冲信号。

    A. 0　　　　　　　B. 1　　　　　　C. 2　　　　　　　D. 4

74. （　　）触发器可以用来构成移位寄存器。

    A. 基本 RS　　　　B. 同步 RS　　　　C. 同步 D　　　　　D. 边沿 D

75. 用 CC40194 构成左移移位寄存器，当预先置入 1011 后，其左移串行输入固定接 0，在 4 个移位脉冲 CP 作用下，四位数据的移位过程是（　　）。

    A. 1011—0110—1100—1000—0000

    B. 1011—0101—0010—0001—0000

    C. 1011—1100—1101—1110—1111

    D. 1011—1010—1001—1000—0111

76. 同步计数器是指（　　）的计数器。

    A. 由同类型的触发器构成

    B. 各触发器时钟端连在一起，统一由系统时钟控制

    C. 可用前级的输出做后级触发器的时钟

    D. 可用后级的输出做前级触发器的时钟

77. 同步时序逻辑电路和异步时序逻辑电路比较，其差异在于后者（　　）。

    A. 没有触发器　　　　　　　　B. 没有统一的时钟脉冲控制

    C. 没有稳态　　　　　　　　　D. 输出只与内部状态有关

78. 在异步二进制计数器中，从 0 开始计数，当十进制数为 60 时，需要触发器的个数为（　　）个。

    A. 4　　　　　　　B. 5　　　　　　C. 6　　　　　　　D. 8

79. 集成计数器 40192 置数方式是（　　）。

    A. 同步 0 有效　　B. 异步 0 有效　　C. 异步 1 有效　　　D. 同步 1 有效

80. 由 3 级触发器构成的环形计数器的计数模值为（　　）。

    A. 9　　　　　　　B. 8　　　　　　　C. 6　　　　　　　D. 3

81. 由 n 位寄存器组成的扭环移位寄存器可以构成（　　）进制计数器。

    A. n　　　　　　B. $2n$　　　　　　C. $4n$　　　　　　D. $6n$

82. 555 定时器当 5 号脚不用时应（　　），以防高频干扰。

    A. 直接接地　　　　　　　　　　B. 经一小电容接地

    C. 直接接电源　　　　　　　　　D. 悬空

83. 多谐振荡器有（　　）。

    A. 两个稳态　　　　　　　　　　B. 一个稳态，一个暂稳态

    C. 两个暂稳态　　　　　　　　　D. 记忆二进制数的功能

84. 石英晶体多谐振荡器的输出频率取决于（　　）。

    A. 晶体的固有频率和 RC 参数　　　　B. 晶体的固有频率

    C. 门电路的传输时间　　　　　　D. RC 参数

85. 施密特触发器的主要特点是（　　）。

    A. 有两个稳态　　B. 有两个暂稳态　　C. 有一个暂稳态　　D. 有一个稳态

86. 环形振荡器是利用逻辑门电路的（　　），将奇数个反相器首尾相连构成一个最简单的环形振荡器。

    A. 传输特性　　B. 门坎电平　　　C. 扇出系数　　　D. 传输延迟时间

87. 单稳态触发器中，两个状态一个为鉴幅态，另一个为（　　）态。

    A. 高电平　　　　B. 低电平　　　C. 存储　　　　D. 高阻

88. 单稳态触发器的主要用途是（　　）。

    A. 产生锯齿波　　B. 产生正弦波　　C. 触发　　　D. 整形

三、多项选择题（选择正确的答案，将相应的字母填入题内的括号中）

1. 带有反馈的电子电路包含有（　　）部分。

    A. 振荡电路　　　　B. 基本放大电路　　　C. 反馈电路

    D. 加法电路　　　　E. 减法电路

2. 下列说法正确的是（　　）。

A. 负反馈能抑制反馈环内的干扰和噪声

B. 负反馈能抑制输入信号所包含的干扰和噪声

C. 负反馈主要用于振荡电路

D. 负反馈主要用于放大电路

E. 负反馈能增大净输入信号

3. 正反馈主要用于（　　　）。

A. 放大电路　　　　　　　　B. 功放电路　　　　　　　　C. 振荡电路

D. 滞回比较器　　　　　　　E. 谐波电路

4. 以下关于电压负反馈说法正确的是（　　　）。

A. 电压负反馈稳定的是输出电压

B. 把输出电压短路后，如果反馈不存在了，则此反馈是电压反馈

C. 电压负反馈稳定的是输入电压

D. 把输出电压短路后，如果反馈仍存在，则此反馈是电压反馈

E. 电压负反馈稳定的是输出电流

5. 以下关于电流负反馈说法正确的是（　　　）。

A. 把输出电压短路后，如果反馈不存在了，则此反馈是电流反馈

B. 电流负反馈稳定的是输出电流

C. 把输出电压短路后，如果反馈仍存在，则此反馈是电流反馈

D. 电流负反馈稳定的是输入电流

E. 电流负反馈稳定的是输出电压

6. 若反馈信号只与输出回路的（　　　）有关，则称为交流反馈，其作用是改善放大电路的交流性能。

A. 交流电流量　　　　　　　B. 直流电压量　　　　　　　C. 直流电流量

D. 交流电压量　　　　　　　E. 电阻量

7. 若反馈信号只与输出回路的（　　　）有关，则称为直流反馈，其作用是稳定放大电路的直流工作状态。

A. 交流电流量　　　　　　　B. 直流电压量　　　　　　　C. 直流电流量

D. 交流电压量　　　　　E. 电阻量

8. 以下关于串联反馈的说法正确的是（　　）。

　　A. 串联负反馈提高放大器的输入电阻

　　B. 串联负反馈减小放大器的输入电阻

　　C. 串联负反馈增大放大器的输出电阻

　　D. 串联负反馈能稳定放大倍数

　　E. 串联负反馈减小放大器的输出电阻

9. 以下关于并联反馈的说法正确的是（　　）。

　　A. 并联负反馈提高放大器的输入电阻

　　B. 并联负反馈减小放大器的输入电阻

　　C. 并联负反馈减小放大器的输出电阻

　　D. 并联负反馈能稳定放大倍数

　　E. 并联负反馈增大放大器的输出电阻

10. 以下关于交流负反馈对放大倍数的影响说法正确的是（　　）。

　　A. 能稳定放大倍数　　　　B. 能减小放大倍数　　　　C. 能增大放大倍数

　　D. 对放大倍数无影响　　　E. 使放大倍数的稳定性变弱

11. 以下关于直流负反馈作用的说法正确的是（　　）。

　　A. 能扩展通频带　　　　　B. 能抑制零漂　　　　　C. 能减小放大倍数

　　D. 能稳定静态工作点　　　E. 能抑制噪声

12. 交流负反馈对放大电路的影响有（　　）。

　　A. 稳定放大倍数　　　　　B. 增大输入电阻　　　　C. 改善失真

　　D. 稳定静态工作点　　　　E. 扩展通频带

13. 下列说法正确的是（　　）。

　　A. 带有负反馈放大电路的频带宽度 $BWF = (1 + \dot{A}\dot{F})BW$

　　B. $BW = f_H - f_L$

　　C. $BW = f_H + f_L$

　　D. $1 + \dot{A}\dot{F}$ 称为反馈深度

E. 在放大电路中加了直流负反馈扩展了通频带

14. 为了提高放大器的输入电阻和输出电阻，应该采用（　　）。

    A. 电流负反馈　　　　　　　　B. 电压负反馈　　　　　　　　C. 串联负反馈

    D. 并联负反馈　　　　　　　　E. 串并联负反馈

15. 以下关于负反馈放大电路及深度负反馈放大电路的闭环放大倍数的说法正确的是（　　）。

    A. 负反馈放大电路的闭环放大倍数为 $\dot{A}_{uf}=\dot{A}/(1+\dot{A}\dot{F})$

    B. 负反馈放大电路的闭环放大倍数为 $\dot{A}_{uf}=\dot{A}(1+\dot{A}\dot{F})$

    C. 深度负反馈放大电路的闭环电压放大倍数为 $\dot{A}_{uf}=1/\dot{F}$

    D. 深度负反馈放大电路的闭环电压放大倍数为 $\dot{A}_{uf}=\dot{F}$

    E. 深度负反馈放大电路的闭环电压放大倍数为 $\dot{A}_{uf}=\dot{A}$

16. 以下关于反馈深度对放大电路影响的说法正确的是（　　）。

    A. 负反馈对放大电路性能的改善与反馈深度有关

    B. 负反馈对放大电路性能的改善与反馈深度无关

    C. 在运算放大器电路中，引入深度负反馈的目的之一是使运算放大器工作在线性区，提高稳定性

    D. 在运算放大器电路中，引入深度负反馈的目的之一是使运算放大器工作在非线性区，提高稳定性

    E. 在运算放大器电路中，引入深度负反馈的目的之一是使运算放大器工作在线性区，但稳定性降低了

17. 以下关于深度负反馈放大电路的说法正确的是（　　）。

    A. 在深度负反馈条件下，串联负反馈放大电路的输入电压与反馈电压近似相等

    B. 在深度负反馈条件下，串联负反馈放大电路的输入电流与反馈电流近似相等

    C. 在深度负反馈条件下，并联负反馈电路的输入电压与反馈电压近似相等

    D. 在深度负反馈条件下，并联负反馈电路的输入电流与反馈电流近似相等

    E. 在深度负反馈条件下，串联负反馈放大电路的输入电压与反馈电压相等

18. 以下情况中，（　　）有可能使得多级负反馈放大器产生高频自激。

    A. 2 级放大器　　　　　　B. 附加相移达到 180°以上　　　C. 负反馈过深

    D. 直接耦合　　　　　　　E. 附加相移小于 90°

19. 消除放大器自激振荡的方法可以采用（　　）。

    A. 变压器耦合　　　　　　B. 阻容耦合　　　　　　　C. 直接耦合

    D. 校正电路　　　　　　　E. 去耦电路

20. 集成运算放大器采用的结构是（　　）。

    A. 输入为差动放大　　　　B. 恒流源偏置　　　　　　C. 直接耦合

    D. 射极输出　　　　　　　E. 中间为共射放大

21. 运算放大器的（　　）越大越好。

    A. 开环放大倍数　　　　　B. 共模抑制比　　　　　　C. 输入失调电压

    D. 输入偏置电流　　　　　E. 输入电阻

22. 当集成运算放大器线性工作时，有两条分析依据是（　　）。

    A. $U_- \approx U_+$　　　　　　B. $I_- \approx I_+ \approx 0$　　　　　C. $U_0 = U_i$

    D. $\dot{A}_u = 1$　　　　　　　E. $U_0 = 0$

23. 集成运算放大器的线性应用电路存在（　　）的现象。

    A. 虚短　　　　　　　　　B. 虚断　　　　　　　　　C. 无地

    D. 虚地　　　　　　　　　E. 实地

24. 运算放大器组成的反相比例放大电路的特征是（　　）。

    A. 串联电压负反馈　　　　B. 并联电压负反馈　　　　C. 虚地

    D. 虚断　　　　　　　　　E. 虚短

25. 运算放大器组成的电压跟随器的特征是（　　）。

    A. 串联电压负反馈　　　　B. 并联电压负反馈　　　　C. 虚地

    D. 虚短　　　　　　　　　E. 虚断

26. 集成运算放大器的应用有（　　）。

    A. 放大器　　　　　　　　B. 模拟运算（加法器、乘法器、微分器、积分器）

    C. A/D 转换器　　　　　　D. 比较器　　　　　　　　E. 耦合器

27. 运算放大器组成的积分器，电阻 $R=20$ kΩ，电容 $C=0.1$ μF，在输入电压为 0.2 V 时，经过 50 ms 时间后可能使输出电压（　　）。

    A. 从 0 V 升高到 5 V　　　B. 从 5 V 降低到 0 V　　　C. 从 2 V 降低到 -5 V

    D. 从 6 V 降低到 1 V　　　E. 不变

28. 微分器具有（　　）的功能。

    A. 将方波电压转换成尖顶波电压

    B. 将三角波电压转换成方波电压

    C. 将尖顶波电压转换成方波电压

    D. 将方波电压转换成三角波电压

    E. 将尖顶波电压转换为三角波电压

29. （　　）属于集成运算放大器的非线性应用电路。

    A. 反相比例放大电路　　　B. 同相比例放大电路　　　C. 同相型滞回比较器

    D. 反相型滞回比较器　　　E. 同相电压跟随器

30. 集成运算放大器组成的比较器必定（　　）。

    A. 无反馈　　　　　　　B. 有正反馈　　　　　　C. 有负反馈

    D. 有深度负反馈　　　　E. 开环

31. 电平比较器的主要特点有（　　）。

    A. 抗干扰能力强　　　　B. 灵敏度高　　　　　　C. 灵敏度低

    D. 用作波形变换　　　　E. 抗干扰能力弱

32. 集成运算放大器组成的滞回比较器必定（　　）。

    A. 无反馈　　　　　　　B. 有正反馈　　　　　　C. 有负反馈

    D. 无反馈或有负反馈　　E. 有电压正反馈

33. 用运算放大器组成的矩形波发生器一般由（　　）部分组成。

    A. 积分器　　　　　　　B. 微分器　　　　　　　C. 比较器

    D. 差动放大　　　　　　E. 加法器

34. 与模拟电路相比，数字电路主要的优点有（　　）。

    A. 容易设计　　　　　　B. 通用性强　　　　　　C. 保密性好

D. 抗干扰能力强　　　　　E. 针对性强

35. 属于时序逻辑电路的有（　　）。

　　A. 寄存器　　　　　B. 全加器　　　　　C. 译码器

　　D. 计数器　　　　　E. 累加器

36. 在数字电路中，常用的计数制除十进制外，还有（　　）。

　　A. 二进制　　　　　B. 八进制　　　　　C. 十六进制

　　D. 二十四进制　　　E. 三十六进制

37. 对于同一个数来说，可以用各种数制形式来表示，下面（　　）是同一个数。

　　A.（B3D）16　　　　B.（2877）10　　　　C.（101100111101）2

　　D.（457）8　　　　E.（123）8

38. 常用的 BCD 码有（　　）。

　　A. 奇偶校验码　　　B. 格雷码　　　　　C. 8421 码

　　D. 余三码　　　　　E. 摩斯码

39. 用二极管可构成简单的（　　）。

　　A. 与门电路　　　　B. 或门电路　　　　C. 非门电路

　　D. 异或门电路　　　E. 门电路

40. 对于与非门来讲，其输入-输出关系为（　　）。

　　A. 有 1 出 0　　　　B. 有 0 出 1　　　　C. 全 1 出 1

　　D. 全 1 出 0　　　　E. 有 1 出 1

41. 在（　　）的情况下，"或非"运算的结果是逻辑 0。

　　A. 全部输入是 0　　　　　　　　B. 全部输入是 1

　　C. 任一输入为 0，其他输入为 1　　D. 任一输入为 1

　　E. 任一输入为 1，其他输入为 0

42. 如下所示，同或门的函数式是（　　）。

　　A. $L=\overline{A}\,\overline{B}+AB$　　　　　　　B. $L=\overline{AB}+AB$

　　C. $L=\overline{A}B+A\overline{B}$　　　　　　　D. $L=\overline{A\oplus B}$

　　E. $L=A\oplus B$

43. 表示逻辑函数功能的常用方法有（　　）等。

　　A. 真值表　　　　　　　　B. 逻辑图　　　　　　　　C. 波形图

　　D. 卡诺图　　　　　　　　E. 梯形图

44. 逻辑变量的取值 1 和 0 可以表示（　　）。

　　A. 开关的闭合、断开　　　B. 电位的高、低　　　　　C. 真与假

　　D. 电流的有、无　　　　　E. 变量的大与小

45. 下列说法正确的是（　　）。

　　A. $AB=BA$　　　　　　　B. $A+B=B+A$　　　　　　C. $AA=A$

　　D. $AA=A^2$　　　　　　　E. $AA=2A$

46. 下列逻辑代数基本运算关系式中正确的是（　　）。

　　A. $A+A=A$　　　　　　　B. $A \cdot A=A$　　　　　　C. $A+0=0$

　　D. $A+1=1$　　　　　　　E. $A+A=2A$

47. （　　）式是四变量 A，B，C，D 的最小项。

　　A. ABC　　　　　　　　　B. $A+B+C+D$　　　　　　C. $ABCD$

　　D. $A\overline{B}CD$　　　　　　　E. ABD

48. 下列说法错误的是（　　）。

　　A. 双极型数字集成门电路是以场效应管为基本器件构成的集成电路

　　B. TTL 逻辑门电路是以晶体管为基本器件构成的集成电路

　　C. CMOS 集成门电路集成度高，但功耗较高

　　D. CMOS 集成门电路集成度高，但功耗较低

　　E. TTL 集成门电路集成度高，但功耗较低

49. TTL 与非门输入的噪声容限为（　　）。

　　A. 输入高电平的噪声容限为 $U_{NH}=U_{iH}-U_{ON}$

　　B. 输入高电平的噪声容限为 $U_{NH}=U_{iH}+U_{ON}$

　　C. 输入低电平的噪声容限为 $U_{NL}=U_{OFF}-U_{iL}$

　　D. 输入低电平的噪声容限为 $U_{NL}=U_{OFF}+U_{iL}$

　　E. 输入低电平的噪声容限为 $U_{NL}=U_{OFF}-U_{iH}$

50. 下列说法错误的是（　　　）。

    A. 一般 TTL 逻辑门电路的输出端彼此可以并接

    B. TTL 与非门的输入伏安特性是指输入电压与输入电流之间的关系曲线

    C. 输入负载特性是指输入端对地接入电阻 R 时，输入电流随 R 变化的关系曲线

    D. 电压传输特性是指 TTL 与非门的输入电压与输入电流之间的关系

    E. 一般 TTL 逻辑门电路的输入端彼此可以并接

51. 三态门的输出状态有（　　　）。

    A. 高电平　　　　　　　B. 低电平　　　　　　　C. 零电平

    D. 高阻　　　　　　　　E. 低阻

52. OC 门输出端的公共集电极电阻的大小必须选择恰当，因为（　　　）。

    A. R_c 过大则带拉电流负载时输出的高电平将会在 R_c 上产生较大的压降

    B. R_c 过大则带拉电流负载时输出的低电平将会在 R_c 上产生较大的压降

    C. R_c 过小则输出低电平时将会产生较大的灌电流

    D. R_c 过小则输出低电平时将会产生较小的灌电流

    E. R_c 很大则带拉电流负载时输出的低电平将会在 R_c 上产生较大的压降

53. 对于 TTL 与非门闲置输入端的处理，可以（　　　）。

    A. 接电源　　　　　　B. 通过电阻 3 kΩ 接电源　　　C. 接地

    D. 与有用输入端并联　　E. 接 0 V

54. 按照导电沟道的不同，MOS 管可分为（　　　）。

    A. NMOS　　　　　　　B. PMOS　　　　　　　C. CMOS

    D. DMOS　　　　　　　E. SMOS

55. CMOS 非门在静态时，电路的一对管子 V_N 和 V_P 总是（　　　）。

    A. 两个均截止　　　　　B. 两个均导通　　　　　C. 一个截止

    D. 一个导通　　　　　　E. 两个均导通或两个均截止

56. CMOS 电路具有（　　　）的优点。

    A. 输出的高电平是电源电压、低电平是 0

    B. 门坎电平约为电源电压的 1/2

C. 门坎电平约为电源电压

D. 电源电压使用时较为灵活

E. 门坎电平约为 1.4 V

57. 关于 TTL 电路与 CMOS 电路性能的比较，（　　）说法是正确的。

　　A. TTL 电路输入端接高电平时有电流输入

　　B. CMOS 电路输入端接高电平时有电流输入

　　C. CMOS 电路输入端允许悬空，相当于输入高电平

　　D. TTL 电路输入端允许悬空，相当于输入高电平

　　E. TTL 电路输入端允许悬空，相当于输入低电平

58. 下列说法错误的是（　　）。

　　A. 组合逻辑电路是指电路在任意时刻的稳定输出状态和同一时刻电路的输入信号以及输入信号作用前的电路状态均有关

　　B. 组合逻辑电路的特点是电路中没有反馈，信号是单方向传输的

　　C. 当只有一个输出信号时，电路为多输入多输出组合逻辑电路

　　D. 组合逻辑电路的特点是电路中有反馈，信号是双向传输的

　　E. 组合逻辑电路的特点是电路中没有反馈，信号是双向传输的

59. 以下属于组合逻辑电路的有（　　）。

　　A. 寄存器　　　　　　　B. 全加器　　　　　　　C. 译码器

　　D. 数据选择器　　　　　E. 数字比较器

60. 下列说法正确的是（　　）。

　　A. 普通编码器的特点是在任一时刻只有一个输入有效

　　B. 普通编码器的特点是在任一时刻有多个输入同时有效

　　C. 优先编码器的特点是在任一时刻只有一个输入有效

　　D. 优先编码器的特点是在任一时刻有多个输入同时有效

　　E. 普通编码器的特点是在任一时刻只有两个输入有效

61. 下列说法正确的是（　　）。

　　A. 与编码器功能相反的逻辑电路是基本译码器

B. 与编码器功能相反的逻辑电路是字符译码器

C. 译码器都带有使能端

D. 带有控制端的基本译码器可以组成数据分配器

E. 译码器都可以组成数据分配器

62. 下列说法正确的是（　　　）。

A. 带有控制端的基本译码器可以组成数据分配器

B. 带有控制端的基本译码器可以组成二进制编码器

C. 八选一数据选择器当选择码 S2，S1，S0 为 110 时，选择数据从 Y6 输出

D. 八选一数据选择器当选择码 S2，S1，S0 为 110 时，选择数据从 I6 输入

E. 基本译码器都可以组成数据分配器

63. 关于数码管，（　　　）的说法是正确的。

A. 共阳极的半导体数码管应该配用高电平有效的数码管译码器

B. 共阳极的半导体数码管应该配用低电平有效的数码管译码器

C. 共阴极的半导体数码管应该配用高电平有效的数码管译码器

D. 共阴极的半导体数码管应该配用低电平有效的数码管译码器

E. 半导体数码管应该配用低电平或高电平有效的数码管译码器

64. 关于数据选择器，（　　　）的说法是正确的。

A. 数据选择器的逻辑功能和数据分配器正好相反

B. 数据选择器的逻辑功能和译码器正好相反

C. 数据选择器 16 选 1 需要 4 位选择码

D. 数据选择器 8 选 1 需要 3 位选择码

E. 数据选择器 8 选 1 需要 4 位选择码

65. 半加器的逻辑式为（　　　）。

A. $S=A\odot B$　　　　B. $C=A+B$　　　　C. $C=AB$

D. $S=A\oplus B$　　　　E. $C=A-B$

66. 描述时序逻辑电路的方法有（　　　）等几种。

A. 方程组　　　　B. 状态转换真值表　　　　C. 状态转换图

D. 时序图　　　　　　　E. 真值表

67. 触发器的触发方式为（　　）。

A. 高电平触发　　　　B. 低电平触发　　　　C. 上升沿触发

D. 下降沿触发　　　　E. 斜坡触发

68. 基本 RS 触发器具有（　　）功能。

A. 置 0　　　　　　　B. 置 1　　　　　　　C. 翻转

D. 保持　　　　　　　E. 不定

69. 对于同步 RS 触发器，若要求其输出"1"状态不变，则输入的 RS 信号应为（　　）。

A. $R=0$，$S=0$　　B. $R=0$，$S=1$　　C. $R=1$，$S=0$

D. $R=1$，$S=1$　　E. $R=X$，$S=X$

70. D 触发器具有（　　）功能。

A. 置 0　　　　　　　B. 置 1　　　　　　　C. 翻转

D. 保持　　　　　　　E. 不定

71. JK 触发器具有（　　）功能。

A. 置 0　　　　　　　B. 置 1　　　　　　　C. 翻转

D. 保持　　　　　　　E. 不定

72. T 触发器具有（　　）功能。

A. 置 0　　　　　　　B. 置 1　　　　　　　C. 翻转

D. 保持　　　　　　　E. 不定

73. 数据寄存器具有（　　）功能。

A. 寄存数码　　　　　B. 清除原有数码　　　C. 左移数码

D. 右移数码　　　　　E. 双向移码

74. 集成移位寄存器 40194 的控制方式有（　　）。

A. 左移　　　　　　　B. 右移　　　　　　　C. 保持

D. 并行置数　　　　　E. 置 0 或 1

75. 集成移位寄存器 40194 具有（　　）功能。

A. 异步清零　　　　　B. 并行输入　　　　　C. 左移

D. 右移   E. 同步清零

76. 同步计数器的特点是（　　　）。

    A. 各触发器 CP 端均接在一起   B. 各触发器 CP 端并非都接在一起

    C. 工作速度高   D. 工作速度低

    E. 工作频率高

77. 异步计数器的特点是（　　　）。

    A. 各触发器 CP 端均接在一起   B. 各触发器 CP 端并非都接在一起

    C. 工作速度高   D. 工作速度低

    E. 工作频率低

78. 异步二进制计数器基本计数单元是（　　　）。

    A. T 触发器   B. 计数触发器   C. JK 触发器

    D. D 触发器   E. RS 触发器

79. 集成计数器 40192 具有（　　　）功能。

    A. 异步清零   B. 并行置数   C. 加法计数

    D. 减法计数   E. 同步清零

80. 环形计数器的特点是（　　　）。

    A. 环形计数器的有效循环中，每个状态只含一个 1 或 0

    B. 环形计数器的有效循环中，每个状态只含一个 1

    C. 环形计数器的有效循环中，每个状态只含一个 0

    D. 环形计数器中，反馈到移位寄存器的串行输入端 D_{n-1} 的信号是取自 Q_0

    E. 环形计数器中，反馈到移位寄存器的串行输入端 D_n 的信号是取自 Q_0

81. 扭环形计数器的特点是（　　　）。

    A. 在扭环形计数器的有效循环中，只有一个触发器改变状态，所以不存在竞争，便不会出现冒险脉冲

    B. 在扭环形计数器的有效循环中，只有一个触发器改变状态，所以虽然不存在竞争，但会出现冒险脉冲

    C. 扭环形计数器中，反馈到移位寄存器的串行输入端 D_{n-1} 的信号不是取自 Q_0

D. 扭环形计数器中，反馈到移位寄存器的串行输入端 D_{n-1} 的信号是取自 Q_0

E. 扭环形计数器中，反馈到移位寄存器的串行输入端 D_n 的信号不是取自 Q_0

82. 555 定时器的电路结构包含（　　）等部分。

　　A. 放电管　　　　　　　　B. 电压比较器　　　　　　C. 电阻分压器

　　D. 同步 RS 触发器　　　　E. 基本 RS 触发器

83. 矩形脉冲信号的参数有（　　）。

　　A. 周期　　　　　　　　　B. 占空比　　　　　　　　C. 脉宽

　　D. 扫描期　　　　　　　　E. 初相

84. （　　）是多谐振荡器。

　　A. RC 文氏桥式振荡器　　B. 555 多谐振荡器　　　　C. 石英晶体多谐振荡器

　　D. RC 环形振荡器　　　　E. 运算放大器正弦波

85. 施密特触发器的主要用途是（　　）。

　　A. 延时　　　　　　　　　B. 定时　　　　　　　　　C. 整形

　　D. 鉴幅　　　　　　　　　E. 鉴频

86. 关于环形振荡器，（　　）说法是正确的。

　　A. 减小电容 C 的容量，可提高 RC 环形振荡器的振荡频率

　　B. 增大电容 C 的容量，可提高 RC 环形振荡器的振荡频率

　　C. 环形振荡器是利用逻辑门电路的传输特性，将奇数个反相器首尾相连构成一个最简单的环形振荡器

　　D. 减小电容 C 的容量，可降低 RC 环形振荡器的振荡频率

　　E. 环形振荡器是利用逻辑门电路的门坎电平，将奇数个反相器首尾相连构成一个最简单的环形振荡器

87. 单稳态触发器的特点是（　　）。

　　A. 一个稳态，一个暂稳态

　　B. 外来一个负脉冲电路由稳态翻转到暂稳态

　　C. 暂稳态维持一段时间自动返回稳态

　　D. 外来一个正脉冲电路由稳态翻转到暂稳态

E. 两个暂稳态

88. 单稳态触发器为改变输出脉冲宽度，则可以改变（　　　）。

A. 电阻　　　　　　　　B. 电源电压 U_{cc}　　　　　　C. 触发信号的宽度

D. 电容　　　　　　　　E. 触发信号的时间

电力电子技术

一、判断题（将判断结果填入括号中。正确的填"√"，错误的填"×"）

1. 电力二极管的工作特性为单向导电性。　　　　　　　　　　　　　　　（　　）

2. 由于电力二极管是垂直导电结构，使得硅片中通过电流的有效面积增大，所以与信息电子电路中的二极管相比其通流能力提高。　　　　　　　　　　　　　　　　（　　）

3. 晶闸管是一种能够同时承受高电压和大电流的半导体器件。　　　　　（　　）

4. 晶闸管有三个电极分别称为正极、负极和门级。　　　　　　　　　　（　　）

5. 晶闸管的关断条件是阳极电流小于管子的擎住电流。　　　　　　　　（　　）

6. 晶闸管的断态不重复峰值电压小于其转折电压。　　　　　　　　　　（　　）

7. 在晶闸管的电流上升到其维持电流后，去掉门极触发信号，晶闸管仍能维持导通。

（　　）

8. 晶闸管的波形系数是指某电流波形的有效值与平均值之比，不同的电流波形，其波形系数也不同。　　　　　　　　　　　　　　　　　　　　　　　　　　　　（　　）

9. 两个以上晶闸管串联使用，是为了解决自身额定电压偏低不能承受电路电压要求而采取的一种解决方法，但必须采取均压措施。　　　　　　　　　　　　　　　　（　　）

10. IGBT，MOSFET，GTO，GTR 全控型器件驱动信号的波形为电平控制型。

（　　）

11. IGBT 器件是一种复合器件，它兼有功率 MOSFET 和双极型器件的开关速度快、安全工作区宽、驱动功率小、耐高压、载流能力大等优点。　　　　　　　　　（　　）

12. GTO 的关断是靠门极加负信号出现门极反向电流来实现的。　　　　（　　）

13. 三相半波可控整流电路带电阻负载时，其电阻负载的特点是通过它的电流波形与其

端电压波形相似，且可以突变。 （ ）

14. 三相半波可控整流电路带电阻性负载时，若触发脉冲（单窄脉冲）加于自然换相点之前，则输出电压波形将出现缺相现象。 （ ）

15. 在三相半波可控整流电路中，每只晶闸管的最大导通角为120°。 （ ）

16. 三相半波可控整流电路带电阻性负载时，其触发脉冲控制角 α 的移相范围为 $0°\sim$ 180°。 （ ）

17. 当三相半波可控整流电路的负载为大电感负载时，负载两端的直流电压平均值会减小，解决的办法就是在负载的两端并联一个续流二极管。 （ ）

18. 三相半波可控整流电路变压器次级相电压为200 V，带大电感负载，无续流二极管，当 $\alpha=60°$ 时的输出电压为117 V。 （ ）

19. 晶闸管用于工频整流时，选择晶闸管主要考虑其额定电压和额定电流。 （ ）

20. 三相半波可控整流电路带电阻性负载时，晶闸管承受的最大正向电压是 $1.414U_2$。

（ ）

21. 三相半波可控整流电路中，每个晶闸管可能承受的最大反向电压为 $\sqrt{6}U_2$。 （ ）

22. 在三相桥式全控整流电路中，整流变压器绕组正负半周都工作，不存在直流磁化现象。 （ ）

23. 三相桥式全控整流电路带大电感负载时，晶闸管的导通规律为每隔120°换相一次，每只管子导通60°。 （ ）

24. 三相桥式全控整流电路中，输出电压的脉动频率为150 Hz。 （ ）

25. 三相桥式全控电路带大电感负载，已知 $U_2=200$ V，$R_d=5$ Ω，则流过负载的最大电流平均值为40 A。 （ ）

26. 三相桥式全控整流电路（无续流二极管）当负载上的电流有效值为 I 时，流过每个晶闸管的电流有效值为 $0.577I$。 （ ）

27. 三相桥式全控整流电路带大电感负载时，其阻感负载的特点是通过它的电流波形与其端电压波形不同，且不能突变，移相范围是 $0°\sim90°$。 （ ）

28. 三相桥式全控整流电路晶闸管应采用大于60°且小于120°的宽脉冲触发或相隔60°的双脉冲触发。 （ ）

29. 带电阻性负载的三相桥式半控整流电路，一般都由三个二极管和三个晶闸管组成。
（　　）

30. 在三相桥式半控整流电路中，要求共阴极组晶闸管的触发脉冲之间的相位差为120°。
（　　）

31. 三相桥式半控整流电路带电阻性负载时，其移相范围是0°～150°。　（　　）

32. 三相桥式半控整流电路接感性负载，当控制角 $\alpha=0°$ 时，输出平均电压为234 V，则变压器二次电压有效值 U_2 为100 V。
（　　）

33. 三相桥式半控整流电路带电阻负载，每个晶闸管流过的平均电流是负载电流的1/3。
（　　）

34. 带平衡电抗器的双反星形可控整流电路带电感负载时，任何时刻都有两个晶闸管同时导通。
（　　）

35. 带平衡电抗器的三相双反星形可控整流电路中，平衡电抗器的作用是使两组三相半波可控整流电路以180°相位差相并联同时工作。
（　　）

36. 带平衡电抗器的三相双反星形可控整流电路中，每个晶闸管流过的平均电流是负载电流的1/6倍。
（　　）

37. 当变压器二次侧电压有效值 U_2 相等时，双反星形电路的整流电压平均值 U_d 是三相桥式全控电路的1/2，而整流电流平均值 I_d 里三相桥式全控电路的2倍。
（　　）

38. 整流电路中电压波形出现缺口是由于变压器存在漏抗。
（　　）

39. 从晶闸管开始承受正向电压起到晶闸管导通之间的电角度称为换相重叠角。（　　）

40. 相控整流电路对直流负载来说是一个带内阻的可变直流电源。（　　）

41. 晶闸管可控整流电路承受的过电压为换相过电压、操作过电压、交流侧过电压等几种。
（　　）

42. 晶闸管装置常采用的过电压保护措施有压敏电阻、硒堆、限流、脉冲移相等。
（　　）

43. 晶闸管装置常用的过电流保护措施有直流快速开关、快速熔断器、电流检测和过电流继电器、阻容吸收等。
（　　）

44. 可控整流电路中用快速熔断器对晶闸管进行保护，若快速熔断器的额定电流为 I_{RD}，晶闸管的额定电流为 $I_{T[AV]}$，流过晶闸管电流的有效值为 I_T，则应按 $1.57\,I_{T[AV]}<I_{RD}<I_T$ 的关系来选择快速熔断器。　　　　　　　　　　　　　　　　　　　　　（　　）

45．在晶闸管可控整流电路中，快速熔断器只可安装在桥臂上与晶闸管串联。　（　　）

46．造成晶闸管误导通的主要原因有两个，一是干扰信号加于控制极，二是加到晶闸管阳极上的电压上升率过大。　　　　　　　　　　　　　　　　　　　（　　）

47．三相半波可控整流电路不需要用大于 60°且小于 120°的宽脉冲触发，也不需要相隔 60°的双脉冲触发，只用符合要求的相隔 120°的三组脉冲触发就能正常工作。　（　　）

48．单结晶体管产生的触发脉冲是尖脉冲，主要用于驱动小功率晶闸管。　（　　）

49．晶闸管触发电路一般由同步移相、脉冲形成、脉冲放大、输出等基本环节组成。
　　　　　　　　　　　　　　　　　　　　　　　　　　　　　　　　（　　）

50．同步信号为锯齿波的晶体管触发电路，以锯齿波为基准，再串入脉冲信号以实现晶闸管触发脉冲的移相。　　　　　　　　　　　　　　　　　　　　　　（　　）

51．同步电压就是同步信号，两者是同一个概念。　　　　　　　　　　（　　）

52．采用正弦波同步触发电路的可控整流装置可看成一个线性放大器。　（　　）

53．锯齿波同步触发电路具有强触发、双脉冲、脉冲封锁等辅助环节。　（　　）

54．用 TC787 集成触发器组成的六路双脉冲触发电路具有低电平有效的脉冲封锁功能。
　　　　　　　　　　　　　　　　　　　　　　　　　　　　　　　　（　　）

55．在大功率晶闸管触发电路中，常采用脉冲列式触发器，其目的是减小触发电源功率、减小脉冲变压器的体积及提高脉冲前沿陡度。　　　　　　　　　　　（　　）

56．在晶闸管整流电路中，"同步"的概念是指触发脉冲与主回路电源电压在频率和相位上具有相互协调配合的关系。　　　　　　　　　　　　　　　　　　　（　　）

57．晶闸管整流电路中，通常采用主电路与触发电路使用同一电网电源，以及通过同步变压器不同的接线组别并配合阻容移相的方法来实现同步。　　　　　　　（　　）

58．触发电路中脉冲变压器的作用是传输触发脉冲。　　　　　　　　　（　　）

59．实现有源逆变的条件是直流侧必须外接与直流电流 I_d 同方向的直流电源 E，$|E|>|U_d|$ 及 $\alpha>90°$。　　　　　　　　　　　　　　　　　　　　　（　　）

60．门极与阴极之间并接 $0.01\sim0.1\,\mu F$ 小电容可起到防止整流电路中晶闸管被误触发

的作用。 （　　）

61. 应急电源中将直流电变为交流电供灯照明，其电路中发电的"逆变"称为有源逆变。 （　　）

62. 在分析晶闸管三相有源逆变电路的波形时，逆变角的大小是从自然换相点开始向左计算的。 （　　）

63. 三相桥式全控整流电路能作为有源逆变电路。 （　　）

64. 触发脉冲丢失是晶闸管逆变电路造成逆变失败的原因。 （　　）

65. 在晶闸管组成的直流可逆调速系统中，为使系统正常工作，其最小逆变角 β_{min} 应选 15°。 （　　）

66. 在晶闸管可逆线路中的静态环流一般可分为瞬时脉动环流和直流平均环流。 （　　）

67. 电枢反并联配合控制有环流可逆系统，当电动机正向运行时，正组晶闸管变流器处于整流工作状态，反组晶闸管变流器处于逆变工作状态。 （　　）

68. 双向晶闸管的额定电流与普通晶闸管一样是平均值而不是有效值。 （　　）

69. 双向晶闸管有四种触发方式，其中Ⅲ+触发方式的触发灵敏度最低，尽量不用。 （　　）

70. 交流开关可用双向晶闸管或者两个普通晶闸管反并联组成。 （　　）

71. 调功器通常采用双向晶闸管组成，触发电路采用过零触发电路。 （　　）

72. 单相交流调压电路带电阻负载时移相范围为 0°~180°。 （　　）

73. 单相交流调压电路带电感性负载时，可以采用宽脉冲或窄脉冲触发。 （　　）

74. 带中性线的三相交流调压电路，可以看作是三个单相交流调压电路的组合。 （　　）

75. 三相三线交流调压电路对触发脉冲的要求与三相桥式全控整流电路相同，应采用单宽脉冲或双窄脉冲触发。 （　　）

二、单项选择题（选择一个正确的答案，将相应的字母填入题内的括号中）

1. 电力二极管属（　　）器件。

    A. 不控型　　　　　B. 半控型　　　　　C. 全控型　　　　　D. 复合型

2. 电力二极管的额定电流是用电流的（　　）来表示的。

    A. 有效值　　　　　B. 最大值　　　　　C. 平均值　　　　　D. 瞬时值

3. 当阳极和阴极之间加上正向电压而控制极不加任何信号时，晶闸管处于（   ）状态。

    A. 导通   B. 关断   C. 不确定   D. 低阻

4. 晶闸管的导通条件是（   ）和控制极上同时加上正向电压。

    A. 阳极   B. 阴极   C. 门极   D. 栅极

5. 当晶闸管承受反向阳极电压时，不论门极用何种极性触发电压，管子都将工作在（   ）状态。

    A. 导通   B. 关断   C. 饱和   D. 不确定

6. 若晶闸管正向重复峰值电压为 745 V，反向重复峰值电压为 825 V，则该晶闸管的额定电压是（   ）V。

    A. 700   B. 750   C. 800   D. 850

7. 已经导通的晶闸管的可被关断条件是流过晶闸管的电流（   ）。

    A. 减小至维持电流以下   B. 减小至擎住电流以下

    C. 减小至门极触发电流以下   D. 减小至 5 A 以下

8. 若流过晶闸管的电流波形系数为 1.11 时，则其对应的电流波形为（   ）。

    A. 全波   B. 半波

    C. 导通角为 120°的方波   D. 导通角为 90°的方波

9. 某半导体器件的型号为 KP50 - 7，其中 KP 表示该器件的名称为（   ）。

    A. 普通晶闸管   B. 双向晶闸管   C. 逆导晶闸管   D. 晶体管

10. （   ）属于混合型器件。

    A. GTR   B. MOSFET   C. IGBT   D. GTO

11. （   ）属于电压型驱动。

    A. GTR   B. GTO   C. MOSFET   D. 达林顿管

12. 功率晶体管 GTR 从高电压小电流向低电压大电流跃变的现象称为（   ）。

    A. 一次击穿   B. 二次击穿   C. 临界饱和   D. 反向截止

13. 当 α 为（   ）时，三相半波可控整流电路电阻性负载输出的电压波形处于连续和断续的临界状态。

    A. 0°   B. 30°   C. 60°   D. 120°

14. 三相半波可控整流电路的自然换相点是（　　）。

    A. 交流相电压的过零点

    B. 本相相电压与相邻相电压正、负半周的交点处

    C. 比三相不可控整流电路的自然换相点超前 30°

    D. 比三相不可控整流电路的自然换相点滞后 60°

15. 在三相半波可控整流电路中，每个晶闸管的最大导通角为（　　）。

    A. 30°   B. 60°   C. 90°   D. 120°

16. 三相半波可控整流电路带续流二极管的电感性负载时，其触发脉冲控制角 α 的移相范围为（　　）。

    A. 0°～90°   B. 0°～120°   C. 0°～150°   D. 0°～180°

17. 三相半波可控整流电路带大电感负载时，在负载两端也可接续流二极管，此续流二极管的作用是（　　）。

    A. 防止晶闸管失控   B. 避免负载中电流断续

    C. 提高输出电压平均值   D. 避免负载中电压断续

18. 可在第一和第四象限工作的变流电路是（　　）。

    A. 三相半波可控变电流电路

    B. 单相半控桥

    C. 接有续流二极管的三相半控桥

    D. 接有续流二极管的单相半波可控变流电路

19. 某半导体器件的型号为 KP50 - 7，其中 50 表示该器件的（　　）。

    A. 额定电流为 50 A   B. 额定电压为 50 V

    C. 额定功率为 50 W   D. 额定频率为 50 Hz

20. 三相半波可控整流电路带大电感负载时，晶闸管承受的最大正向电压是（　　）。

    A. $2.828U_2$ B. $1.414U_2$ C. $2.45U_2$ D. $1.732U_2$

21. 三相半波可控整流电路中，变压器次级相电压有效值为 100 V，每个晶闸管可能承受的最大反向电压为（　　）V。

    A. 141   B. 200   C. 245   D. 173

22. 在三相桥式全控整流电路中，两组三相半波电路是串联工作的，其共阴连接的三个晶闸管习惯编号为（　　）。

    A. 1，3，5   B. 1，2，3   C. 2，4，6   D. 4，5，6

23. 三相桥式全控整流电路带大电感负载时，晶闸管的导通规律为（　　）。

    A. 每隔 120°换相一次，每个管子导通 60°

    B. 每隔 60°换相一次，每个管子导通 120°

    C. 同一相中两个管子的触发脉冲相隔 120°

    D. 同一组中相邻两个管子的触发脉冲相隔 60°

24. 三相桥式全控整流电路带电阻性负载，当其交流侧的电压有效值为 U_2，控制角 $\alpha \leqslant 60°$时，其输出直流电压平均值 $U_d=$（　　）。

    A. $1.17U_2\cos\alpha$ B. $0.675U_2[1+\cos(30°+\alpha)]$

    C. $2.34U_2[1+\cos(60°+\alpha)]$ D. $2.34U_2\cos\alpha$

25. 三相桥式全控电路带大电感负载，已知 $U_2=200$ V，$R_d=10$ Ω，则流过负载的最大电流平均值为（　　）A。

    A. 93.6   B. 57.7   C. 46.8   D. 20

26. 三相桥式全控整流电路（无续流二极管），当负载上的电流平均值为 I_d时，流过每个晶闸管的电流平均值为（　　）。

    A. $0.707I_d$ B. $0.577I_d$ C. $0.333I_d$ D. $0.167I_d$

27. 三相桥式全控整流电路带续流二极管的大电感负载时，其移相范围是（　　）。

    A. 0°～90°   B. 0°～120°   C. 0°～150°   D. 0°～180°

28. 三相桥式全控整流电路晶闸管不可采用（　　）触发。

    A. 单窄脉冲   B. 单宽脉冲

    C. 双窄脉冲   D. 宽度为 80°～100°的脉冲列

29. 带电阻性负载的三相桥式半控整流电路，一般都由（　　）组成。

    A. 六个二极管   B. 三个二极管和三个晶闸管

    C. 六个晶闸管   D. 六个三极管

30. 在三相桥式半控整流电路中，要求共阴极组晶闸管的触发脉冲之间的相位差为

（　　）。

    A. 60°   B. 120°   C. 150°   D. 180°

31. 三相桥式半控整流电路接感性负载，当控制角 $\alpha = 0°$ 时，输出平均电压为 234 V，则变压器二次电压 U_2 为（　　）V。

    A. 100   B. 117   C. 200   D. 234

32. 三相桥式半控整流电路带电感负载，每个晶闸管流过的平均电流是负载电流的（　　）。

    A. 1 倍   B. 1/2   C. 1/3   D. 不到 1/3

33. 带平衡电抗器的双反星形可控整流电路带电感负载时，任何时刻有（　　）导通。

    A. 一个晶闸管   B. 两个晶闸管同时

    C. 三个晶闸管同时   D. 四个晶闸管同时

34. 带平衡电抗器的三相双反星形可控整流电路中，平衡电抗器的作用是使两组三相半波可控整流电路（　　）。

    A. 相串联   B. 相并联

    C. 单独输出   D. 以 180°相位差相并联同时工作

35. 带平衡电抗器的三相双反星形可控整流电路中，每个晶闸管流过的平均电流是负载电流的（　　）。

    A. 1/2   B. 1/3   C. 1/4   D. 1/6

36. 在带平衡电抗器的双反星形可控整流电路中（　　）。

    A. 存在直流磁化问题   B. 不存在直流磁化问题

    C. 存在直流磁滞损耗   D. 不存在交流磁化问题

37. 变压器存在漏抗是整流电路中换相压降产生的（　　）。

    A. 结果   B. 原因   C. 过程   D. 特点

38. 整流电路在换流过程中，两个相邻相的晶闸管同时导通的时间用电角度表示称为（　　）。

    A. 导通角   B. 逆变角   C. 换相重叠角   D. 控制角

39. 相控整流电路对直流负载来说是一个带内阻的（　　）。

A. 直流电源　　　B. 交流电源　　　C. 可变直流电源　　　D. 可变电源

40. 晶闸管可控整流电路承受的过电压为（　　）。

A. 换相过电压、交流侧过电压与直流侧过电压

B. 换相过电压、关断过电压与直流侧过电压

C. 交流过电压、操作过电压与浪涌过电压

D. 换相过电压、操作过电压与交流侧过电压

41.（　　）是晶闸管装置常采用的过电压保护措施之一。

A. 热敏电阻　　　　　　　　　　B. 硅堆

C. 阻容吸收　　　　　　　　　　D. 灵敏过电流继电器

42. 快速熔断器可以用于过电流保护的电力电子器件是（　　）。

A. 功率晶体管　　　　　　　　　B. IGBT

C. 功率 MOSFET　　　　　　　　D. 晶闸管

43. 可控整流电路中用快速熔断器对晶闸管进行保护，若快速熔断器的额定电流为 I_{RD}，晶闸管的额定电流为 $I_{T[AV]}$，流过晶闸管电流有效值为 I_T，则应按（　　）的关系来选择快速熔断器。

A. $I_{RD} > I_{T[AV]}$　　　　　　　　B. $I_{RD} < I_{T[AV]}$

C. $I_T < I_{RD} < 1.57 I_{T[AV]}$　　　　D. $1.57 I_{T[AV]} < I_{RD} < I_T$

44. 在晶闸管可控整流电路中，快速熔断器可安装在（　　）。

A. 直流侧与直流快速开关并联　　B. 交流电源进线处

C. 桥臂上与晶闸管并联　　　　　D. 桥臂上与晶闸管串联

45. 通过晶闸管的通态电流上升率过大，可能会造成晶闸管因局部过热而损坏，而加到晶闸管阳极上的电压上升率过大，可能会造成晶闸管的（　　）。

A. 误导通　　　B. 短路　　　C. 失控　　　D. 不能导通

46. 为保证晶闸管装置能正常可靠地工作，除了触发电路要有足够的触发功率、触发脉冲具有一定的宽度及陡峭的前沿外，还应满足（　　）等要求。

A. 触发信号应保持足够的时间

B. 触发脉冲波形必须是尖脉冲

C. 触发脉冲后沿也应陡峭

D. 触发脉冲必须与晶闸管的阳极电压同步

47. 常用的晶闸管触发电路按同步信号的形式不同，分为正弦波及（　　）触发电路。

A. 梯形波　　　　B. 锯齿波　　　　C. 方波　　　　D. 三角波

48. 晶闸管触发电路一般由脉冲形成、脉冲放大输出、（　　）等基本环节组成。

A. 同步触发　　　B. 同步移相　　　C. 同步信号产生　　　D. 信号综合

49. 同步信号为锯齿波的晶体管触发电路，以锯齿波为基准，再串入（　　）以实现晶闸管触发脉冲的移相。

A. 交流控制电压　　B. 直流控制电压　　C. 脉冲信号　　　D. 锯齿波电压

50. 在晶闸管触发电路中，直接与直流控制电压进行叠加实现脉冲移相的是（　　）。

A. 直流偏移电压　　B. 锯齿波信号　　C. 同步信号　　　D. 同步电压

51. 采用正弦波同步触发电路的可控整流装置可看成一个（　　）。

A. 直流稳压电源　　B. 线性放大器　　C. 恒流源　　　D. 非线性放大器

52. 锯齿波同步触发电路中锯齿波的底宽可达（　　）。

A. 90°　　　　B. 120°　　　　C. 180°　　　　D. 240°

53. 用 TC787 集成触发器组成的六路双脉冲触发电路具有（　　）的脉冲封锁功能。

A. 低电平有效　　B. 高电平有效　　C. 上升沿有效　　　D. 下降沿有效

54. 在大功率晶闸管触发电路中，常采用脉冲列式触发器，其目的除了减小触发电源功率、减小脉冲变压器的体积外，还能（　　）。

A. 减小触发电路元器件数量　　　　B. 省去脉冲形成电路

C. 提高脉冲前沿陡度　　　　D. 扩展移相范围

55. 在晶闸管整流电路中，"同步"的概念是指（　　）。

A. 触发脉冲与主回路电源电压同时到来，同时消失

B. 触发脉冲与电源电压频率相等

C. 触发脉冲与主回路电源电压在频率和相位上具有相互协调配合的关系

D. 控制角大小随电网电压波动而自动调节

56. 晶闸管整流电路中通常采用主电路与触发电路使用同一电网电源，以及通过同步变

压器不同的接线组别并配合（　　　）的方法来实现同步。

    A. 电阻分压　　　　　B. 电感滤波　　　　　C. 阻容移相　　　　　D. 中心抽头

57. 触发电路中脉冲变压器的主要作用是（　　　）。

    A. 提供脉冲传输的通道

    B. 阻抗匹配，降低脉冲电流，增大输出电压

    C. 电气上隔离

    D. 输出多路脉冲

58. （　　　）是防止整流电路中晶闸管被误触发的措施之一。

    A. 门极与阴极之间并接 $0.01\sim0.1~\mu F$ 电容

    B. 脉冲变压器尽量离开主电路远一些，以避免强电干扰

    C. 触发器电源采用 RC 滤波以消除静电干扰

    D. 触发器电源采用双绞线

59. （　　　）不属于变流的功能。

    A. 有源逆变　　　　　　　　　　　B. 交流调压

    C. 变压器降压　　　　　　　　　　D. 直流斩波

60. 在分析晶闸管三相变流电路的波形时，控制角的大小是按下述（　　　）方法计算的。

    A. 不论是整流电路还是逆变电路，都是从交流电压过零点开始向右计算

    B. 不论是整流电路还是逆变电路，都是从自然换相点开始向右计算

    C. 整流电路从自然换相点开始向右计算，逆变电路从自然换相点开始向左计算

    D. 整流电路从自然换相点开始向左计算，逆变电路从自然换相点开始向右计算

61. 能实现有源逆变的晶闸管电路为（　　　）。

    A. 单相桥式半控电路　　　　　　　B. 三相桥式半控电路

    C. 三相半波电路　　　　　　　　　D. 带续流二极管的三相桥式全控电路

62. 晶闸管变流电路工作在逆变状态时，造成逆变失败的主要原因有（　　　）。

    A. 控制角太小　　　B. 触发脉冲丢失　　　C. 变压器漏感　　　D. 负载太重

63. 在晶闸管组成的直流可逆调速系统中，为使系统正常工作，其最小逆变角 β_{min}

应选（　　）。

    A. 60°　　　　　　B. 45°　　　　　　C. 30°　　　　　　D. 15°

64. 在晶闸管可逆线路中的静态环流一般可分为（　　）。

    A. 瞬时脉动环流和直流平均环流　　　　B. 稳态环流和动态环流

    C. 直流平均环流和直流瞬时环流　　　　D. 瞬时脉动环流和交流环流

65. 电枢反并联配合控制有环流可逆系统中，当电动机正向运行时，正组晶闸管变流器处于整流工作状态，反组晶闸管变流器处于（　　）工作状态。

    A. 整流　　　　　　　　　　　　B. 逆变

    C. 待整流　　　　　　　　　　　D. 待逆变

66. 双向晶闸管的额定电流是（　　）。

    A. 平均值　　　　B. 有效值　　　　C. 瞬时值　　　　D. 最大值

67. 双向晶闸管的触发方式有多种，实际应用中经常采用的触发方式组合是Ⅰ–Ⅲ–及（　　）。

    A. Ⅰ+Ⅲ–　　　　B. Ⅰ+Ⅲ+　　　　C. Ⅰ+Ⅱ–　　　　D. Ⅰ–Ⅲ+

68. 交流开关可用（　　）或者两个普通晶闸管反并联组成。

    A. 单结晶体管　　　　　　　　　B. 双向晶闸管

    C. 二极管　　　　　　　　　　　D. 双向触发二极管

69. 调功器通常采用双向晶闸管组成，触发电路采用（　　）。

    A. 单结晶体管触发电路　　　　　B. 过零触发电路

    C. 正弦波同步触发电路　　　　　D. 锯齿波同步触发脉冲

70. 关于单相交流调压电路，以下说法错误的是（　　）。

    A. 晶闸管的触发角大于电路的功率因素角时，晶闸管的导通角小于180°

    B. 晶闸管的触发角小于电路的功率因素角时，必须加宽脉冲或脉冲列触发，电路才能正常工作

    C. 晶闸管的触发角小于电路的功率因素角正常工作并达到稳态时，晶闸管的导通角为180°

    D. 晶闸管的触发角等于电路的功率因素角时，晶闸管的导通角不为180°

71. 单相交流调压电路带电感性负载时，可以采用（　　）触发。

    A. 窄脉冲　　　　　　B. 宽脉冲　　　　　　C. 双窄脉冲　　　　　　D. 双宽脉冲

72. 带中性线的三相交流调压电路，可以看作是（　　）的组合。

    A. 三个单相交流调压电路

    B. 两个单相交流调压电路

    C. 一个单相交流调压电路和一个单相可控整流电路

    D. 三个单相可控整流电路

73. 三相三线交流调压电路不能采用（　　）触发。

    A. 单宽脉冲　　　　　B. 双窄脉冲　　　　　C. 单窄脉冲　　　　　D. 脉冲列

三、多项选择题（选择正确的答案，将相应的字母填入题内的括号中）

1. （　　）属于全控型电力电子器件。

    A. 电力场效应管　　　　B. 电力二极管　　　　C. 绝缘栅双极型晶体管

    D. 可关断晶闸管　　　　E. 电力晶体管

2. 功率二极管在电力电子电路中的用途有（　　）。

    A. 整流　　　　　　　　B. 续流　　　　　　　C. 能量反馈

    D. 隔离　　　　　　　　E. 提高电位

3. 当晶闸管分别满足（　　）时，可处于导通或阻断两种状态，可作为开关使用。

    A. 耐压条件　　　　　　B. 续流条件　　　　　C. 导通条件

    D. 关断条件　　　　　　E. 逆变条件

4. 可能出现的晶闸管的非正常导通方式有（　　）。

    A. 阳极电压达到正向转折电压　　　　B. 阳极电压上升率 du/dt 过高

    C. 结温过高　　　　　　　　　　　　D. 阳极电压达到反向重复峰值电

    E. 阳极电压达到正向重复峰值电

5. 当已导通的普通晶闸管满足（　　）时，晶闸管将被关断。

    A. 阳极和阴极之间电流近似为零

    B. 阳极和阴极之间加上反向电压

    C. 阳极和阴极之间电压为零

D. 控制极电压为零

E. 控制极加反向电压

6. 晶闸管的额定电压是在（　　）中取较小的一个。

A. 正向重复峰值电压　　　　B. 正向转折电压　　　　C. 反向不重复峰值电压

D. 反向重复峰值电压　　　　E. 反向击穿电压

7. 维持电流和擎住电流都表示使晶闸管维持导通的最小阳极电流，但它们应用的场合不同，分别用于判别晶闸管（　　）。

A. 是否会误导通　　　　B. 是否会被关断　　　　C. 是否能被触发导通

D. 是否被击穿　　　　E. 是否断路

8. 若流过晶闸管的电流波形分别为全波、半波、导通角为120°的方波、导通角为90°的方波时，则其对应的电流波形系数分别为（　　）。

A. 1.11　　　　B. 2.22　　　　C. 1.57

D. 1.73　　　　E. 1.41

9. 测量晶闸管阳极和阴极之间的正反向阻值时，可将万用表置于（　　）挡等。

A. $R \times 1$ kΩ　　　　B. $R \times 10$ kΩ　　　　C. $R \times 10$ Ω

D. 直流电压 100 V　　　　E. 直流电流 50 mA

10. 下列电力电子器件属于全控型器件的是（　　）。

A. SCR　　　　B. GTO　　　　C. GTR

D. MOSFET　　　　E. IGBT

11. 晶闸管的额定电压是在（　　）中取较小的一个。

A. 正向重复峰值电压　　　　B. 正向转折电压　　　　C. 反向不重复峰值电压

D. 反向重复峰值电压　　　　E. 反向击穿电压

12. 下列全控型开关器件中，属于电流驱动的有（　　）。

A. GTR　　　　B. IGBT　　　　C. MOSFET

D. GTO　　　　E. 晶闸管

13. GTO的门极驱动电路包括（　　）。

A. 开通电路　　　　B. 关断电路　　　　C. 反偏电路

D. 缓冲电路   E. 抗饱和电路

14. 三相半波可控整流电路带电阻负载时，其输出直流电压的波形有（   ）等特点。

     A. 在 $\alpha<60°$ 的范围内是连续的

     B. 在 $\alpha<30°$ 的范围内是连续的

     C. 在每个周期中有相同形状的三个波头

     D. 在每个周期中有相同形状的六个波头

     E. 在 $\alpha>30°$ 时不会出现瞬时负电压

15. 共阴极接法和共阳极接法的三相半波可控整流电路，其自然换相点的位置分别在（   ）处。

     A. $\omega t=0°$ B. $\omega t=30°$ C. $\omega t=90°$

     D. $\omega t=180°$ E. $\omega t=210°$

16. 三相半波可控整流电路带电阻负载，在控制角先后为 30°、60° 及 90° 时，每个晶闸管的导通角分别为（   ）。

     A. 120°   B. 90°   C. 60°

     D. 30°   E. 0°

17. 三相半波可控整流电路分别带大电感负载或电阻性负载时，其触发脉冲控制角 α 的移相范围分别为（   ）。

     A. 0°～90°   B. 0°～120°   C. 0°～150°

     D. 0°～180°   E. 90°～180°

18. 三相半波可控整流电路带大电感负载时，在负载两端可以接续流二极管，其作用为（   ）。

     A. 扩大移相范围   B. 当控制角大于 60° 才有   C. 避免负载中电流断续

     D. 防止晶闸管失控   E. 提高输出电压平均值

19. 三相半波可控整流电路的输出电压与（   ）等因素有关。

     A. 变压器二次相电压   B. 负载性质   C. 控制角大小

     D. 是否接续流二极管   E. 晶闸管的额定电压

20. 三相半波可控整流电路中，变压器次级相电压有效值为 200 V，负载中流过的最大电流有效值为 157 A，考虑 2 倍安全裕量，晶闸管的额定电压、额定电流应选择 （　　）。

    A. 500 V   B. 1 000 V   C. 100 A

    D. 200 A   E. 300 A

21. 三相半波可控整流电路分别带电阻性负载或大电感负载时，晶闸管可能承受的最大正向电压分别是 （　　）。

    A. $2.828U_2$ B. $1.414U_2$ C. $2.45U_2$

    D. $1.732U_2$ E. $2U_2$

22. 三相半波可控整流电路中晶闸管可能承受的最大反向电压与 （　　）等因素有关。

    A. 变压器一次电压幅值   B. 负载性质   C. 控制角大小

    D. 变压器变比   E. 晶闸管的通断状态

23. 三相桥式全控整流电路可看作是 （　　）串联组成的。

    A. 共阴极接法的三相半波不可控整流电路

    B. 共阴极接法的三相半波可控整流电路

    C. 共阳极接法的三相半波不可控整流电路

    D. 共阳极接法的三相半波可控整流电路

    E. 两组相同接法的三相半波可控整流电路

24. 三相桥式全控整流电路带大电感负载时晶闸管的导通规律为 （　　）。

    A. 每隔 120° 换相一次，每个管子导通 60°

    B. 每隔 60° 换相一次，每个管子导通 120°

    C. 任何时刻都有一个晶闸管导通

    D. 同一相中两个管子的触发脉冲相隔 180°

    E. 同一组中相邻两个管子的触发脉冲相隔 120°

25. 三相桥式全控整流电路带电阻性负载，当其交流侧的电压有效值为 U_2，控制角 α 分别为大于 60° 及小于 60° 时，其输出直流电压平均值 U_d 分别为 （　　）。

    A. $1.17U_2\cos\alpha$ B. $0.675U_2[1+\cos(30°+\alpha)]$

    C. $2.34U_2[1+\cos(60°+\alpha)]$ D. $2.34U_2\cos\alpha$

    E. $0.9U_2\cos\alpha$

26. 三相桥式全控电路带大电感负载时，已知 $U_2 = 200$ V，$R_d = 10$ Ω，则负载上的电压平均值和流过负载的最大电流平均值为（　　）A。

    A. 234　　　　　　　　B. 468　　　　　　　　C. 57.7

    D. 46.8　　　　　　　E. 20

27. 三相桥式全控整流电路带大电感负载（无续流二极管），当负载上的电流平均值为 I_d 时，流过每个晶闸管的电流有效值及平均值为（　　）。

    A. $0.707I_d$　　　　　B. $0.577I_d$　　　　　C. $0.333I_d$

    D. $0.167I_d$　　　　　E. $0.866I_d$

28. 三相桥式全控整流电路分别带大电感负载及电阻性负载时，其移相范围是（　　）。

    A. 0°～90°　　　　　B. 0°～120°　　　　　C. 0°～150°

    D. 0°～180°　　　　　E. ϕ～180°

29. 三相桥式全控整流电路晶闸管应采用（　　）触发。

    A. 单窄脉冲　　　　　B. 单宽脉冲　　　　　C. 双窄脉冲

    D. 脉冲列　　　　　　E. 双宽脉冲

30. 带大电感负载的三相桥式半控整流电路，一般都由（　　）组成。

    A. 六个二极管　　　　B. 三个二极管　　　　C. 三个晶闸管

    D. 六个晶闸管　　　　E. 四个二极管

31. 在三相桥式半控整流电路中，要求共阴极组晶闸管的触发脉冲 U_{g3} 与 U_{g5} 之间及 U_{g1} 与 U_{g5} 之间的相位差分别为（　　）。

    A. 60°　　　　　　　　B. 90°　　　　　　　　C. 120°

    D. 180°　　　　　　　E. 240°

32. 三相桥式半控整流电路带电感性负载，当其输出电压为最大值及最小值时，对应的控制角是（　　）。

    A. 0°　　　　　　　　B. 60°　　　　　　　　C. 120°

    D. 180°　　　　　　　E. 240°

33. 三相桥式半控整流电路接电感性负载，变压器二次电压有效值 U_2 为 100 V，当控制角 α 为 0°及 60°时，输出平均电压分别为（　　）V。

A. 234　　　　　B. 175.5　　　　　C. 117

D. 100　　　　　E. 58.5

34. 带电感负载的三相桥式半控整流电路（接有续流二极管），当控制角 α 分别为 30°和 90°时，每个晶闸管流过的平均电流分别是负载电流的（　　　）。

A. 1 倍　　　　　B. 1/2　　　　　C. 1/3

D. 1/4　　　　　E. 1/6

35. 带平衡电抗器的双反星形可控整流电路带电感负载时，（　　　）。

A. 六个晶闸管按其序号依次超前 60°被触发导通

B. 六个晶闸管按其序号依次滞后 60°被触发导通

C. 六个晶闸管按其序号依次滞后 120°被触发导通

D. 任何时刻都有一个晶闸管导通

E. 任何时刻都有两个晶闸管同时导通

36. 带平衡电抗器的三相双反星形可控整流电路中，平衡电抗器的作用是（　　　）。

A. 使两组三相半波可控整流电路相串联同时工作

B. 使两组三相半波可控整流电路以 180°相位差相并联同时工作

C. 使两组三相半波可控整流电路互不干扰各自独立工作

D. 降低晶闸管电流的波形系数，使得可选用额定电流较小的晶闸管

E. 提高晶闸管电流的波形系数，使得可选用额定电流较小的晶闸管

37. 带平衡电抗器的三相双反星形可控整流电路中（大电感负载），每个晶闸管流过的电流平均值及有效值分别是负载电流平均值的（　　　）。

A. 0.5　　　　　B. 0.333　　　　　C. 0.167

D. 0.289　　　　　E. 0.577

38. 带平衡电抗器的双反星形可控整流电路的输出电压与三相半波可控整流电路相比，（　　　）。

A. 脉动增大　　　　　B. 脉动减小　　　　　C. 每周期中波头数增加

D. 平均值提高　　　　　E. 平均值不变

39. 变压器存在漏抗使整流电路的输出电压（　　　）。

A. 波头数增加　　　　　　B. 波形中出现缺口　　　　C. 平均值降低

D. 平均值提高　　　　　　E. 变化迟缓

40. 晶闸管的换相重叠角与电路中（　　）参数有关。

　　A. 触发角　　　　　　　　B. 变压器漏抗　　　　　　C. 输出直流平均电流

　　D. 电源相电压　　　　　　E. 晶闸管容量

41. 相控整流电路对直流负载来说是一个（　　）电源。

　　A. 带内阻的　　　　　　　B. 可调节的　　　　　　　C. 直流

　　D. 交流　　　　　　　　　E. 当负载变化时端电压恒定的

42. 晶闸管可控整流电路承受的过电压有（　　）等。

　　A. 直流侧过电压　　　　　B. 关断过电压　　　　　　C. 操作过电压

　　D. 浪涌过电压　　　　　　E. 瞬时过电压

43. 晶闸管装置常采用的过电压保护有（　　）。

　　A. 压敏电阻　　　　　　　B. 硒堆　　　　　　　　　C. 阻容吸收

　　D. 灵敏过电流继电器　　　E. 限流与脉冲移相

44. 晶闸管装置常用的过电流保护措施有（　　）。

　　A. 直流快速开关　　　　　　　　　　　B. 快速熔断器

　　C. 电流检测和脉冲移相限流　　　　　　D. 阻容吸收

　　E. 过电流继电器

45. 可控整流电路中用快速熔断器对晶闸管进行保护，在选择快速熔断器的关系式 $1.57 I_{T[AV]} < I_{RD} < I_T$ 中，$I_{T[AV]}$，I_{RD}，I_T 三个参数分别是（　　）。

　　A. 熔断器的额定电流　　　　　　　　　B. 快速熔断器的额定电流

　　C. 晶闸管的额定电流　　　　　　　　　D. 流过晶闸管的电流有效值

　　E. 流过晶闸管的电流平均值

46. 在晶闸管可控整流电路中，快速熔断器可安装在（　　）。

　　A. 直流侧　　　　　　　　B. 交流侧　　　　　　　　C. 桥臂上与晶闸管并联

　　D. 桥臂上与晶闸管串联　　E. 阻容吸收电路中

47. 造成晶闸管误导通的主要原因有（　　）。

A. 通过晶闸管的通态电流上升率过大

B. 通过晶闸管的通态电流上升率过小

C. 干扰信号加于控制极

D. 加到晶闸管阳极上的电压上升率过大

E. 加到晶闸管阳极上的电压上升率过小

48. 为保证晶闸管装置能正常可靠地工作，触发电路应满足（　　）等要求。

A. 触发信号应具有足够的功率　　B. 触发脉冲应有一定的宽度

C. 触发脉冲前沿应陡峭　　　　　D. 触发脉冲必须与晶闸管的阳极电压同步

E. 触发脉冲应满足一定的移相范围要求

49. 常用的晶闸管触发电路按同步信号的形式不同，分为（　　）触发电路。

A. 正弦波　　　　　B. 锯齿波　　　　　C. 方波

D. 三角波　　　　　E. 脉冲列

50. 晶闸管触发电路一般由（　　）等基本环节组成。

A. 同步触发　　　　B. 同步移相　　　　C. 脉冲形成

D. 脉冲移相　　　　E. 脉冲放大输出

51. 同步信号为锯齿波的晶体管触发电路，以（　　）的方法实现晶闸管触发脉冲的移相。

A. 锯齿波为基准　　　B. 串入直流控制电压　　C. 叠加脉冲信号

D. 正弦波同步电压为基准　E. 串入脉冲封锁信号

52. 同步信号与同步电压（　　）。

A. 有密不可分的关系　B. 两者的频率是相同的　C. 两者没有任何关系

D. 两者是同一个概念　E. 两者不是同一个概念

53. 采用正弦波同步触发电路的可控整流装置具有（　　）等优缺点。

A. 可看成一个线性放大器

B. 可实际使用的移相范围达 150°

C. 可实际使用的移相范围达 180°

D. 能对电网电压波动的影响自动进行调节

E. 同步电压易受电网电压波形畸变的影响

54. 锯齿波同步触发电路具有（　　　）等辅助环节。

A. 强触发　　　　　　　　B. 双脉冲　　　　　　　　C. 单脉冲

D. 脉冲封锁　　　　　　　E. 脉冲列调制

55. 用 TC787 集成触发器组成的六路双脉冲触发电路具有（　　　）的脉冲封锁功能。

A. 在 Pc 端口　　　　　　B. 在 Pi 端口　　　　　　C. 在 Cx 端口

D. 低电平有效　　　　　　E. 高电平有效

56. 在大功率晶闸管触发电路中，常采用脉冲列式触发器，其目的是（　　　）。

A. 减小触发电源功率　　　　　　　B. 减小脉冲变压器的体积

C. 提高脉冲前沿陡度　　　　　　　D. 扩展移相范围

E. 减小触发电路元器件数量

57. 晶闸管整流电路中"同步"的概念是指触发脉冲与主回路电源电压之间必须保持（　　　）。

A. 相同的幅值　　　　　　B. 频率的一致性　　　　　　C. 相适应的相位

D. 相同的相位　　　　　　E. 相适应的控制范围

58. 晶闸管整流电路中通常采用主电路与触发电路并配合（　　　）的方法来实现同步。

A. 使用同一电网电源　　　　　　　B. 同步变压器采取不同的接线组别

C. 阻容移相　　　　　　　　　　　D. 中心抽头

E. 同步电压直接取自整流变压器

59. 触发电路中脉冲变压器的作用是（　　　）。

A. 阻抗匹配，降低脉冲电压，增大输出电流

B. 阻抗匹配，降低脉冲电流，增大输出电压

C. 电气上隔离

D. 改变脉冲正负极性

E. 必要时可同时送出两组独立脉冲

60. 防止整流电路中晶闸管被误触发的措施有（　　　）等。

A. 门极导线用金属屏蔽线

    B. 脉冲变压器尽量靠近主电路，以缩短门极走线

    C. 触发器电源采用 RC 滤波以消除电网高频干扰

    D. 同步变压器及触发器电源采用静电屏蔽

    E. 门极与阴极之间并接 $0.01\sim0.1\ \mu F$ 小电容

61. 实现有源逆变的条件是（　　　）。

    A. 直流侧必须外接与直流电流 I_d 同方向的直流电源 E

    B. $|E|>|U_d|$

    C. $|E|<|U_d|$

    D. $\alpha>90°$

    E. $\alpha<90°$

62. 在分析晶闸管三相变流电路的波形时，控制角及逆变角的大小是按下述（　　　）方法计算的。

    A. α 从自然换相点开始向右计算

    B. α 从自然换相点开始向左计算

    C. α 从距自然换相点 $180°$ 处开始向右计算

    D. β 从距自然换相点 $180°$ 处开始向左计算

    E. β 从距自然换相点 $180°$ 处开始向右计算

63. 能实现有源逆变的晶闸管电路为（　　　）。

    A. 单相桥式全控电路　　　B. 单相桥式半控电路　　　C. 三相桥式半控电路

    D. 三相半波电路　　　E. 带续流二极管的三相桥式全控电路

64. 晶闸管变流电路工作在逆变状态时，防止逆变失败的方法有（　　　）。

    A. 采用精确可靠的触发电路　　　B. 使用性能良好的晶闸管

    C. 保证交流电源质量　　　D. 留出充足的换向裕量角

    E. 限制最小逆变角

65. 在晶闸管组成的直流可逆调速系统中，为使系统正常工作，在确定最小逆变角 β_{min} 时应考虑（　　　）。

    A. 晶闸管导通角 θ　　　B. 换相重叠角 γ

C. 关断时间 t_q 对应的电角度 δ_0　　　　D. 开通时间 t_{gt} 对应的电角度

E. 安全裕量角 θ_a

66. 在晶闸管可逆线路中的环流有（　　）等。

A. 瞬时脉动环流　　　　B. 动态环流　　　　　　C. 直流平均环流

D. 直流瞬时环流　　　　E. 交流平均环流

67. 在电枢反并联配合控制的有环流可逆系统中，晶闸管变流器处于待逆变工作状态是指（　　）。

A. 变流器工作在控制角 $\alpha > 90°$

B. 变流器输出电压 $U_d < 0$

C. 直流侧存在与电流 I_d 同方向的直流电势 E

D. $|E| < |U_d|$

E. $|E| > |U_d|$

68. 双向晶闸管的额定电流与普通晶闸管的额定电流（　　）。

A. 一样，都是平均值　　　　　　B. 分别用有效值及平均值表示

C. 是两个概念，互相没有关系　　D. 都用有效值表示

E. 两者之间的换算关系为 $I_{T(AV)} = 0.45 I_{T(RMS)}$

69. 双向晶闸管常应用于（　　）电路中。

A. 交流开关　　　　　　B. 交流调压　　　　　　C. 交-交变频电路

D. 直流开关　　　　　　E. 直流调压

70. 交流开关可选择由（　　）组成。

A. 两个单结晶体管反并联　B. 两个普通晶闸管反并联　C. 两个二极管反并联

D. 双向晶闸管　　　　　E. 两个 IGBT 反并联

71. 调功器通常采用双向晶闸管组成，（　　）。

A. 触发电路采用单结晶体管触发电路

B. 触发电路采用过零触发电路

C. 触发电路采用正弦波同步触发电路

D. 通过改变在设定的时间周期内导通的周波数来调功

E. 通过改变在每个周期内触发导通的时刻来调功

72. 单相交流调压电路带电阻或电感负载时，移相范围分别为（　　　）。

    A. $0°\sim90°$　　　　　　B. $0°\sim120°$　　　　　　C. $0°\sim150°$

    D. $0°\sim180°$　　　　　　E. $\phi\sim180°$

73. 单相交流调压电路带电感性负载时，可以采用（　　　）触发。

    A. 窄脉冲　　　　　　B. 宽脉冲　　　　　　C. 双窄脉冲

    D. 双宽脉冲　　　　　　E. 脉冲列

74. （　　　）交流调压电路，都可以看作是三个单相交流调压电路的组合。

    A. 三对反并联的晶闸管三相三线

    B. 带中性线的三相四线

    C. 三个双向晶闸管的三相三线

    D. 负载接成三角形接法的三相三线

    E. 晶闸管与负载接成内三角形接法的三相

75. 三相三线交流调压电路可采用（　　　）触发。

    A. 单宽脉冲　　　　　　　　　　B. 间隔为120°的双脉冲

    C. 间隔为60°的双窄脉冲　　　　D. 单窄脉冲

    E. 大于60°的脉冲列

电气自动控制技术

一、判断题（将判断结果填入括号中。正确的填"√"，错误的填"×"）

1. 一项工程的电气工程图一般由首页、电气系统图及电气原理图组成。　　　　（　　）

2. 电气原理图中所有电气的触点都按照没有通电或没有外力作用时的状态画出。　（　　）

3. 按照电气元件图形符号和文字符号国家标准，接触器的文字符号应用 KM 来表示。

    （　　）

4. 电路中触头的串联关系可用逻辑与，即逻辑乘（·）的关系表达；触头的并联关系可用逻辑或，即逻辑加（＋）的关系表达。　　　　（　　）

5. 电气控制电路中继电器 KA1 的逻辑关系式为 $f(KA1)=SB \cdot SQ1+KA1 \cdot \overline{SQ3}$，

则对应的电路图为 。　　　　　　　　　　　　　　　　（　　）

6. 机床电气控制线路中电动机的基本控制线路主要有启动、运行及制动控制线路。

（　　）

7. 机床电气控制系统中交流异步电动机控制常用的保护环节有短路、过电流、零电压及欠电压保护。　　　　　　　　　　　　　　　　　　　　　　　　　　　　　　（　　）

8. 阅读分析电气原理图应从分析控制电路入手。　　　　　　　　　　　　　（　　）

9. X62W 铣床工作台作左右进给运动时，十字操作手柄必须置于中间零位以解除工作台横向进给、纵向进给和上下移动之间的互锁。　　　　　　　　　　　　　　（　　）

10. 工作台各方向都不能进给时，应先检查圆工作台控制开关是否在"接通"位置，然后再检查控制回路电压是否正常。　　　　　　　　　　　　　　　　　　　　　（　　）

11. T68 镗床所具备的运动方式有主运动、进给运动、辅助运动。　　　　　　（　　）

12. T68 镗床主轴电动机在高速运行时，电动机为 丫丫 形连接。　　　　　　　（　　）

13. T68 镗床主轴电动机只有低速挡，没有高速挡时，常见的故障原因有时间继电器 KT 不动作或行程开关 SQ2 安装的位置移动造成 SQ2 处于始终断开的状态。　　（　　）

14. 20/5 t 起重机电气控制线路中主钩电动机由凸轮控制器配合磁力控制屏来实现控制。

（　　）

15. 20/5 t 起重机主钩既不能上升又不能下降的原因，主要有欠电压继电器 KV 不吸合、欠电压继电器自锁触点未接通、主令控制器触点接触不良、电磁铁线圈开路未松闸等。

（　　）

16. 自动控制就是应用控制装置使控制对象，如机器、设备、生产过程等自动地按照预定的规律变化或运行。　　　　　　　　　　　　　　　　　　　　　　　　　　（　　）

17. 闭环控制系统输出量不反送到输入端参与控制。　　　　　　　　　　　　（　　）

18. 闭环控制系统建立在负反馈基础上，按偏差进行控制。　　　　　　　　　（　　）

19. 放大校正元件的作用是对给定量（输入量）进行放大与运算，校正输出一个按一定规律变化的控制信号。　　　　　　　　　　　　　　　　　　　　　（　　）

20. 开环控制系统和闭环控制系统最大的差别在于闭环控制系统存在一条从被控量到输入端的反馈通道。　　　　　　　　　　　　　　　　　　　　　　　（　　）

21. 偏差量是由控制量和反馈量比较，由比较元件产生的。　　　　　　　（　　）

22. 前馈控制系统建立在负反馈基础上按偏差进行控制。　　　　　　　　（　　）

23. 在生产过程中，当被控量（如温度、压力控制）要求维持在某一值时，就要采用定值控制系统。　　　　　　　　　　　　　　　　　　　　　　　　　（　　）

24. 直流电动机变速传动控制是利用整流器或斩波器获得可变的直流电源，对直流电动机电枢或励磁绕组供电实现的。　　　　　　　　　　　　　　　　　（　　）

25. 晶闸管-电动机系统与发电机-电动机系统相比较，具有响应快、能耗低、噪声小及晶闸管过电压、过载能力强等许多优点。　　　　　　　　　　　　　　（　　）

26. 调速范围是指电动机在额定负载情况下，电动机的最高转速和最低转速之比。　（　　）

27. 静差率与机械特性硬度、理想空载转速有关，机械特性越硬，静差率越大。

（　　）

28. 直流调速系统中，给定控制信号作用下的动态性能指标（即跟随性能指标）有上升时间、超调量、调节时间等。　　　　　　　　　　　　　　　　　　（　　）

29. 晶闸管-电动机系统的主回路电流连续时，开环机械特性曲线是互相并行的，其斜率是不变的。　　　　　　　　　　　　　　　　　　　　　　　　　（　　）

30. 比例调节器（P调节器）一般采用反相输入，输出电压和输入电压是反相关系。

（　　）

31. 因为积分调节器能在电压偏差为零时仍有稳定的控制电压输出，所以用积分控制的调速系统是无静差的。　　　　　　　　　　　　　　　　　　　　（　　）

32. 比例积分调节器，其比例调节作用可以使得系统动态响应速度较快，而其积分调节作用又使得系统基本上无静差。　　　　　　　　　　　　　　　　（　　）

33. 调节放大器的输出外限幅电路中的降压电阻R可以不用。　　　　　（　　）

34. 带正反馈的电平检测器的输入、输出特性具有回环继电特性。回环宽度与RF、R2

的阻值及放大器输出电压幅值有关。RF 的阻值减小，回环宽度减小。　　　（　　）

35. 调速系统中采用两个交流电流互感器组成电流检测装置时，两个交流电流互感器一般采用 V 形接法。　　　（　　）

36. 交流、直流测速发电机属于模拟式转速检测装置。　　　（　　）

37. 转速负反馈在静差调速系统中，转速调节器采用比例积分调节器。　　　（　　）

38. 在转速负反馈直流调速系统中，当负载增加以后转速下降，可通过负反馈环节的调节作用使转速有所回升。系统调节前后，电动机电枢电压将增大。　　　（　　）

39. 闭环调速系统的静特性是表示闭环系统电动机转速与电流（或转矩）的动态关系。
　　　　　　　　　　　　　　　　　　　　　　　　　　　　　　　　（　　）

40. 在转速负反馈系统中，若要使开环和闭环系统的理想空载转速相同，则闭环时给定电压要比开环时给定电压相应地提高 $1+K$ 倍。　　　（　　）

41. 转速负反馈调速系统对直流电动机电枢电阻、励磁电流变化带来的转速变化无法进行调节。　　　（　　）

42. 无静差调速系统在静态（稳态）与动态过程中都无差。　　　（　　）

43. 采用 PI 调节器的转速负反馈无静差直流调速系统负载变化时，系统调节过程开始和中间阶段，比例调节起主要作用。　　　（　　）

44. 电流截止负反馈的截止方法不仅可以采用稳压管作比较电压，而且也可以采用独立电源的电压比较来实现。　　　（　　）

45. 电流截止负反馈是一种只在调速系统主电路过电流下起负反馈调节作用的方法，用来限制主回路过电流。　　　（　　）

46. 电压负反馈调速系统静特性优于同等放大倍数的转速负反馈调速系统。　　（　　）

47. 调速系统中采用电流正反馈和电压负反馈都是为提高直流电动机的硬度特性，扩大调速范围。　　　（　　）

48. 双闭环调速系统包括电流环和转速环。电流环为外环，转速环为内环。　（　　）

49. 在转速、电流双闭环直流调速系统中，若要改变电动机的转速，应调节转速给定电压或改变转速反馈系数 α，若要改变直流电动机的堵转电流，应调节系统中的电流反馈系数 β。　　　（　　）

50. 转速、电流双闭环调速系统，在突加给定电压启动过程中第一、二阶段，转速调节器处于饱和状态。 （　　）

51. 转速、电流双闭环调速系统在突加负载时，转速调节器和电流调节器两者均参与调节作用，但转速调节器 ASR 起主导作用。 （　　）

52. 转速、电流双闭环系统在电源电压波动时的抗干扰作用主要通过转速调节器调节。 （　　）

53. 转速、电流双闭环直流调速系统稳态运行时，转速调节器的输入偏差电压为零。 （　　）

54. 转速、电流双闭环直流调速系统中，在系统堵转时，电流转速调节器的作用是限制了电枢电流的最大值，从而起到安全保护作用。 （　　）

55. 采用接触器的可逆电路适用于对快速性要求不高的场合。 （　　）

56. 电动机工作在电动状态时，电动机电磁转矩的方向和转速方向相同。 （　　）

57. 在电枢反并联可逆系统中，当电动机反向制动时，正向晶闸管变流器的控制角 $\alpha > 90°$，处于逆变状态。 （　　）

58. 采用两组晶闸管变流器电枢反并联可逆系统包括有环流可逆系统、逻辑无环流可逆系统、直接无环流可逆系统等。 （　　）

59. 晶闸管变流可逆装置中出现的"环流"是一种有害的不经过电动机的电流，必须想办法减少或将它去掉。 （　　）

60. 在逻辑无环流可逆系统中，当转矩极性信号改变极性时，若零电流检测器发出零电流信号，可以立即封锁原工作组，开放另一组。 （　　）

61. 电平检测电路实质上是一个模数变换电路。 （　　）

62. 当采用一个电容和两个灯泡组成的相序测试器测定三相交流电源相序时，如电容所接为 A 相，则灯泡亮的一相为 C 相。 （　　）

63. 转速、电流双闭环调速系统调试时，一般是先调试电流环，再调试转速环。 （　　）

64. 全数字调速系统的应用灵活性、性能指标和可靠性优于模拟控制调速系统。 （　　）

65. 按编码原理分类，编码器可分为绝对式和增量式两种。 （　　）

66. 交流电动机变速传动控制是利用逆变器或交-交直接变频器对交流电动机供电，通

过改变供电电源的频率和电压等来达到交流电动机的变速传动。　　　　　　（　　）

67. 变频调速时，若保持电动机定子供电电压不变，仅改变其频率进行变频调速，将引起磁通的变化，出现励磁不足或励磁过强的现象。　　　　　　　　　　　　（　　）

68. 交流变频调速基频以下属于恒功率调速。　　　　　　　　　　　　　　　（　　）

69. 交-交变频由于输出的频率低和功率因数低，其应用受到限制。　　　　　　（　　）

70. 变频器是通过电力电子器件的通断作用将工频交流电流变换成电压频率均可调的一种电能控制装置。　　　　　　　　　　　　　　　　　　　　　　　　　　　（　　）

71. 变频器的主电路不论是交-直-交变频还是交-交变频形式，都是采用电力电子器件。
　　　　　　　　　　　　　　　　　　　　　　　　　　　　　　　　　　　（　　）

72. 变频调速系统中对输出电压的控制方式一般可分为 PWM 控制和 PLM 控制。
　　　　　　　　　　　　　　　　　　　　　　　　　　　　　　　　　　　（　　）

73. 电压型逆变器采用大电容滤波，从直流输出端看，电源具有低阻抗，类似于电压源，逆变器输出电压为矩形波。　　　　　　　　　　　　　　　　　　　　　　（　　）

74. 电流型逆变器采用大电感滤波，直流电源呈低阻抗，类似于电流源，逆变器的输出电流为矩形波。　　　　　　　　　　　　　　　　　　　　　　　　　　　　　（　　）

75. PWM 型逆变器是通过改变脉冲移相来改变逆变器输出电压幅值大小的。　（　　）

76. 正弦波脉宽调制（SPWM）是指参考信号（调制波）为正弦波的脉冲宽度调制方式。
　　　　　　　　　　　　　　　　　　　　　　　　　　　　　　　　　　　（　　）

77. 在 SPWM 脉宽调制的逆变器中，改变参考信号（调制波）正弦波的幅值和频率就可以调节逆变器输出基波交流电压的大小和频率。　　　　　　　　　　　　　　（　　）

78. SPWM 型逆变器的同步调制方式是载波（三角波）的频率与调制波（正弦波）的频率之比等于常数，不论输出频率高低，输出电压每半周的输出脉冲数是相同的。（　　）

79. 变频器主电路由整流及滤波电路、逆变电路和制动单元组成。　　　　　　（　　）

80. 通过通信接口可以实现变频器与变频器之间联网控制。　　　　　　　　　（　　）

81. 通用变频器所允许的过载电流以额定电流的百分数和额定的时间来表示。　（　　）

82. 变频器所采用的制动方式一般有能耗制动、回馈制动、失电制动等几种。　（　　）

83. 通用变频器的频率给定方式有数字面板给定方式、模拟量给定方式、多段速（固定

频率）给定方式、通信给定方式等。（　　）

84. 变频器常见故障有过电流、过电压、欠电压、变频器过热、变频器过载、电动机过载等。（　　）

85. 选择通用变频器容量时，变频器额定输出电流是反映变频器负载能力的最关键的参数。（　　）

86. 为了避免变频器工作时的电磁干扰，要把变频器与其他控制部分分区安装。（　　）

87. 变频器交流电源输入端子为 L1，L2，L3，根据应用电压不同，可分为 220 V 单相和 380 V 三相两种规格，当三相时接入 L1，L2，L3 端上，当单相时接入 L1，L2 端上。（　　）

88. MM440 变频器的显示屏可显示 5 位，以 R 打头的只能读、不能写，是监控参数；以 P 打头的参数叫功能参数，也可以叫设定参数，可以读也可以写；以 A 打头的参数叫报警参数；以 F 打头的参数叫故障参数。显示屏一旦出现后两类参数，用 Fn 键确认。（　　）

89. 变频器与电动机之间接线最大距离不能超过变频器允许的最大布线距离。（　　）

90. 直流电抗器的主要作用是改善变频器的输入电流的高次谐波干扰，防止电源对变频器的影响，保护变频器及抑制直流电流波动。（　　）

91. 步进电动机是一种把脉冲信号转变成直线位移或角位移的元件。（　　）

92. 步进电动机的工作方式有单拍工作方式和倍拍工作方式。（　　）

93. 步进电动机驱动电路一般可由脉冲发生控制单元、功率驱动单元、保护单元等组成。（　　）

94. 步进电动机功率驱动单元有单电压驱动、双电压驱动、高低压驱动等类型驱动电路。（　　）

二、单项选择题（选择一个正确的答案，将相应的字母填入题内的括号中）

1. 一项工程的电气工程图一般由首页、电气系统图、电气原理图、设备布置图、（　　）、平面图等几部分组成。

　　A. 电网系统图　　　B. 设备原理图　　　C. 配电所布置图　　　D. 安装接线图

2. 电气原理图中所有电气元件的（　　）都按照没有通电或没有外力作用时的状态画出。

  A. 线圈   B. 触点   C. 动作机构   D. 反作用弹簧

  3. 按照电气元件图形符号和文字符号国家标准，接触器的文字符号应用（　　）来表示。

  A. KA   B. KM   C. SQ   D. KT

  4. 电路中触头的串联关系可用逻辑与，即逻辑乘（·）的关系表达；触头的并联关系可用（　　）的关系表达。

  A. 逻辑与，即逻辑乘（·）   B. 逻辑或，即逻辑加（＋）

  C. 逻辑异或，即（⊕）   D. 逻辑同或，即（⊙）

  5. 电气控制电路中继电器 KA1 的逻辑关系式为 $f(KA1)=SB \cdot SQ1 + KA1 \cdot \overline{SQ3}$，则对应的电路图为（　　）。

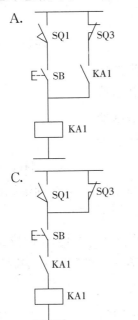
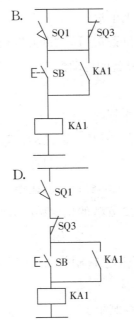

  6. 机床电气控制线路中电动机的基本控制线路主要有启动、运行及（　　）。

  A. 自动控制线路   B. 手动控制线路

  C. 制动控制线路   D. 联动控制线路

  7. 机床电气控制系统中交流异步电动机控制常用的保护环节有短路、过电流、零电压及（　　）。

    A. 弱磁保护   B. 过电压保护   C. 零电流保护   D. 欠电压保护

8. 阅读分析电气原理图应从（　　）入手。

    A. 分析控制电路   B. 分析主电路

    C. 分析辅助电路   D. 分析联锁和保护环节

9. X62W 铣床工作台作左右进给运动时，十字操作手柄必须置于（　　）以解除工作台横向进给、纵向进给和上下移动之间的互锁。

    A. 左边位置   B. 左边或右边位置

    C. 中间零位   D. 向上位置

10. 工作台各方向都不能进给时，应先检查圆工作台控制开关是否在（　　），然后再检查控制回路电压是否正常。

    A. "接通"位置   B. "断开"位置   C. 中间零位   D. 任意位置

11. T68 镗床所具备的运动方式有（　　）、进给运动、辅助运动。

    A. 主运动   B. 花盘的旋转运动

    C. 后立柱水平移动   D. 尾架的垂直移动

12. T68 镗床主轴电动机在高速运行时，电动机为（　　）形连接。

    A. △   B. △H△   C. Y   D. YHY

13. T68 镗床主轴电动机只有低速挡、没有高速挡时常见的故障原因有时间继电器 KT 不动作或行程开关 SQ2 安装的位置移动造成 SQ2 处于（　　）的状态。

    A. 始终接通   B. 始终断开   C. 不能切换   D. 中间位置

14. 20/5 t 起重机电气控制线路中主钩电动机由（　　）配合磁力控制屏来实现控制。

    A. 凸轮控制器   B. 主令控制器

    C. 交流保护控制柜   D. 主钩制动电磁铁

15. 20/5 t 起重机主钩既不能上升又不能下降的原因主要有欠电压继电器 KV 不吸合、（　　）、主令控制器触点接触不良、电磁铁线圈开路未松闸等。

    A. KV 线圈断路   B. 主令控制器零点联锁触点未闭合

    C. 欠电压继电器自锁触点未接通   D. 主钩制动电磁铁线圈始终通电

16. 在晶闸管-电动机速度控制系统中作用于被控对象电动机的负载转矩称为（　　　）。

　　A. 控制量　　　　　B. 输出量　　　　　C. 扰动量　　　　　D. 输入量

17. 控制系统输出量（被控量）只能受控于输入量，输出量不反送到输入端参与控制的系统称为（　　　）。

　　A. 开环控制系统　　B. 闭环控制系统　　C. 复合控制系统　　D. 反馈控制系统

18. 闭环控制系统建立在（　　　）基础上，按偏差进行控制。

　　A. 正反馈　　　　　B. 负反馈　　　　　C. 反馈　　　　　D. 正负反馈

19. 闭环控制系统中比较元件把（　　　）进行比较，求出它们之间的偏差。

　　A. 反馈量与给定量　　　　　　　　　B. 扰动量与给定量

　　C. 控制量与给定量　　　　　　　　　D. 输入量与给定量

20. 比较元件是将检测反馈元件检测的被控量的反馈量与（　　　）进行比较。

　　A. 扰动量　　　　　B. 给定量　　　　　C. 控制量　　　　　D. 输出量

21. 偏差信号是由（　　　）和反馈量比较，由比较元件产生。

　　A. 扰动量　　　　　B. 给定量　　　　　C. 控制量　　　　　D. 输出量

22. 前馈控制系统是（　　　）。

　　A. 按扰动进行控制的开环控制系统　　B. 按给定量控制的开环控制系统

　　C. 闭环控制系统　　　　　　　　　　D. 复合控制系统

23. 在生产过程中，当（　　　）（如温度、压力控制）要求维持在某一值时，就要采用定值控制系统。

　　A. 给定量　　　　　B. 输入量　　　　　C. 扰动量　　　　　D. 被控量

24. 在恒定磁通时，直流电动机改变电枢电压调速属于（　　　）调速。

　　A. 恒功率　　　　　B. 变电阻　　　　　C. 变转矩　　　　　D. 恒转矩

25. 发电机-电动机系统通过（　　　），改变电动机电枢电压，从而实现调压调速。

　　A. 改变发电机的励磁电流和输出电压

　　B. 改变电动机的励磁电流，改变发电机输出电压

　　C. 改变发电机的电枢回路串联附加电阻

　　D. 改变发电机的电枢电流

26. 调速系统的静差率指标应以（　　）所能达到的数值为准。

    A. 平均速度　　　　　　　　　　　B. 最高速度

    C. 基本转速和最低转速的最低速度　　D. 任意速度

27. 当理想空载转速一定时，机械特性越硬，静差率 S（　　）。

    A. 越小　　　　　B. 越大　　　　　C. 不变　　　　　D. 可以任意确定

28. 直流调速系统中，给定控制信号作用下的动态性能指标（即跟随性能指标）有上升时间、超调量、（　　）等。

    A. 恢复时间　　　B. 阶跃时间　　　C. 最大动态速降　　D. 调节时间

29. 晶闸管-电动机系统的主回路电流断续时，其开环机械特性（　　）。

    A. 变软　　　　　B. 变硬　　　　　C. 不变　　　　　D. 变软或变硬

30. 带有比例调节器的单闭环直流调速系统，如果转速的反馈值与给定值相等，则调节器的输出为（　　）。

    A. 零　　　　　　　　　　　　　　B. 小于零的定值

    C. 大于零的定值　　　　　　　　　D. 保持原先的值不变

31. 当输入电压相同时，积分调节器的积分时间常数越大，则输出电压上升斜率（　　）。

    A. 越小　　　　　B. 越大　　　　　C. 不变　　　　　D. 可大可小

32. 比例积分调节器的等效放大倍数在静态与动态过程中（　　）。

    A. 基本相同　　　B. 大致相同　　　C. 相同　　　　　D. 不相同

33. 调节放大器的输出，外限幅电路中的降压电阻 R（　　）。

    A. 一定不要用　　　　　　　　　　B. 一定要用

    C. 基本上可以不用　　　　　　　　D. 可用可不用

34. 带正反馈的电平检测器的输入、输出特性具有回环继电特性。回环宽度与 RF、R2 的阻值及放大器输出电压幅值有关。RF 的阻值减小，回环宽度（　　）。

    A. 增加　　　　　B. 基本不变　　　C. 不变　　　　　D. 减小

35. 采用有续流二极管的三相桥式半控整流电路对直流电动机供电的调速系统中，主电路电流的检测应采用（　　）。

A. 交流电流互感器   B. 直流电流互感器

C. 交流电流互感器或直流电流互感器   D. 电压互感器

36. 测速发电机有交流、直流两种，通常采用直流测速发电机。直流测速发电机有他励式和（   ）两种。

     A. 永磁式   B. 自励式   C. 复励式   D. 串励式

37. 转速负反馈有静差调速系统中转速调节器采用（   ）。

     A. 比例调节器   B. 比例积分调节器

     C. 微分调节器   D. 调节器

38. 关于转速反馈闭环调速系统反馈控制基本规律的叙述错误的是（   ）。

     A. 只用比例放大器的反馈控制系统，其被调量仍是有静差的

     B. 反馈控制系统可以抑制不被反馈环节包围的前向通道上的扰动

     C. 反馈控制系统的作用是抵抗扰动、服从给定

     D. 系统的精度依赖于给定和反馈检测的精度

39. 闭环调速系统的静特性用来表示闭环系统电动机的（   ）。

     A. 电压与电流（或转矩）的动态关系

     B. 转速与电流（或转矩）的动态关系

     C. 转速与电流（或转矩）的静态关系

     D. 电压与电流（或转矩）的静态关系

40. 在转速负反馈系统中，闭环系统的静态转速降减为开环系统静态转速降的（   ）倍。

     A. $1+K$ B. $1+2K$ C. $1/(1+2K)$ D. $1/(1+K)$

41. 转速负反馈调速系统对检测反馈元件和给定电压造成的转速扰动（   ）补偿能力。

     A. 没有   B. 有

     C. 对前者有   D. 对前者无补偿能力，对后者有

42. 无静差调速系统的工作原理是（   ）。

     A. 依靠偏差本身   B. 依靠偏差本身及偏差对时间的积累

C. 依靠偏差对时间的记忆　　　　　D. 依靠偏差

43. 采用 PI 调节器的转速负反馈无静差直流调速系统负载变化时，系统（　　），比例调节起主要作用。

　　A. 调节过程的后期阶段　　　　　B. 调节过程的中间阶段和后期阶段

　　C. 调节过程的开始阶段和中间阶段　　D. 调节过程的开始阶段和后期阶段

44. 电流截止负反馈的截止方法不仅可以用独立电源的电压比较法，而且也可以在反馈回路中对接一个（　　）来实现。

　　A. 晶闸管　　　　B. 三极管　　　　C. 单结晶体管　　　　D. 稳压管

45. 带电流截止负反馈环节的调速系统，为了使电流截止负反馈参与调节后特性曲线下垂段更陡一些，可把反馈取样电阻阻值选得（　　）。

　　A. 大一些　　　　B. 小一些　　　　C. 接近无穷大　　　　D. 等于零

46. 电压负反馈调速系统对主回路中由电阻 Rn 和电枢电阻 Rd 产生电阻压降所引起的转速降（　　）补偿能力。

　　A. 没有　　　　　　　　　　B. 有

　　C. 对前者有补偿能力，对后者无　　D. 对前者无补偿能力，对后者有

47. 在电压负反馈调速系统中加入电流正反馈的作用是当负载电流增加时，晶闸管变流器输出电压（　　）从而使转速降减小，系统的静特性变硬。

　　A. 减小　　　　B. 增加　　　　C. 不变　　　　D. 微减小

48. 转速、电流双闭环调速系统中电流调节器的英文缩写是（　　）。

　　A. ACR　　　　B. AVR　　　　C. ASR　　　　D. ATR

49. 转速、电流双闭环调速系统中，转速调节器的输出电压是（　　）。

　　A. 系统电流给定电压　　　　　B. 系统转速给定电压

　　C. 触发器给定电压　　　　　　D. 触发器控制电压

50. 转速、电流双闭环调速系统中，在恒流升速阶段时，两个调节器的状态是（　　）。

　　A. ASR 饱和，ACR 不饱和　　　　B. ACR 饱和，ASR 不饱和

　　C. ASR 和 ACR 都饱和　　　　　D. ACR 和 ASR 都不饱和

51. 转速、电流双闭环直流调速系统中，在突加负载时调节作用主要靠（　　）来消除

转速偏差。

　　A. 电流调节器　　　　　　　　　　B. 转速调节器

　　C. 电压调节器　　　　　　　　　　D. 电压调节器与电流调节器

52. 转速、电流双闭环直流调速系统中，在电源电压波动时的抗干扰作用主要通过（　　）来调节。

　　A. 转速调节器　　　　　　　　　　B. 电压调节器

　　C. 电流调节器　　　　　　　　　　D. 电压调节器与电流调节器

53. 转速、电流双闭环调速系统中，转速调节器 ASR 输出限幅电压的作用是（　　）。

　　A. 决定了电动机允许最大电流值

　　B. 决定了晶闸管变流器输出电压最大值

　　C. 决定了电动机最高转速

　　D. 决定了晶闸管变流器输出额定电压

54. 转速、电流双闭环直流调速系统在系统堵转时，电流转速调节器的作用是（　　）。

　　A. 使转速跟随给定电压变化　　　　B. 对负载变化起抗扰作用

　　C. 限制了电枢电流的最大值　　　　D. 决定了晶闸管变流器输出额定电压

55. 反并联连接电枢可逆调速电路中，两组晶闸管变流器的交流电源由（　　）供电。

　　A. 两个独立的交流电源　　　　　　B. 同一交流电源

　　C. 两台整流变压器　　　　　　　　D. 整流变压器两个二次绕组

56. 直流电动机工作在电动状态时，电动机的电磁转矩的方向和转速方向（　　）。

　　A. 相同，将电能变为机械能

　　B. 相同，将机械能变为电能

　　C. 相反，将电能变为机械能

　　D. 相反，将机械能变为电能

57. 电枢反并联可逆调速系统中，当电动机正向制动时，反向组晶闸管变流器处于（　　）。

　　A. 整流工作状态、控制角 $\alpha < 90°$

　　B. 有源逆变工作状态、控制角 $\alpha > 90°$

C. 整流工作状态、控制角 $\alpha>90°$

D. 有源逆变工作状态、控制角 $\alpha<90°$

58. 无环流可逆调速系统除了逻辑无环流可逆系统外，还有（　　）。

A. 控制无环流可逆系统　　　　　　　B. 直接无环流可逆系统

C. 错位无环流可逆系统　　　　　　　D. 借位无环流可逆系统

59. 逻辑无环流可逆调速系统是通过无环流逻辑装置保证系统在任何时刻（　　），从而实现无环流。

A. 一组晶闸管加正向电压，而另一组晶闸管加反向电压

B. 一组晶闸管加触发脉冲，而另一组晶闸管触发脉冲被封锁

C. 两组晶闸管都加反向电压

D. 两组晶闸管触发脉冲都被封锁

60. 逻辑无环流可逆调速系统中，当转矩极性信号改变极性，并有（　　）时，逻辑才允许进行切换。

A. 零电流信号　　　B. 零电压信号　　　C. 零给定信号　　　D. 零转速信号

61. 逻辑无环流可逆调速系统中无环流逻辑装置中应设有零电流及（　　）电平检测器。

A. 延时判断　　　B. 零电压　　　C. 逻辑判断　　　D. 转矩极性鉴别

62. 当采用一个电容和两个灯泡组成的相序测试器测定三相交流电源相序时，如电容所接为 A 相，则（　　）。

A. 灯泡亮的一相为 B 相

B. 灯泡暗的一相为 B 相

C. 灯泡亮的一相为 C 相

D. 灯泡暗的一相可能为 B 相也可能为 C 相

63. 在转速、电流双闭环调速系统调试中，当转速给定电压为额定给定值，而电动机转速低于所要求的额定值，此时应（　　）。

A. 增加转速负反馈电压值　　　　　　B. 减小转速负反馈电压值

C. 增加转速调节器输出电压限幅值　　D. 减小转速调速器输出电压限幅值

64. 带微处理器的全数字调速系统与模拟控制调速系统相比，具有（ ）等特点。

A. 灵活性好、性能好、可靠性高

B. 灵活性差、性能好、可靠性高

C. 性能好、可靠性高、调试及维修复杂

D. 灵活性好、性能好、调试及维修复杂

65. 按编码原理分类，编码器可分为绝对式和（ ）两种。

A. 增量式　　　　　 B. 相对式　　　　　 C. 减量式　　　　　 D. 直接式

66. 下列异步电动机调速方法属于转差功率消耗型的调速系统是（ ）。

A. 降电压调速　　　　　　　　　 B. 串级调速

C. 变极调速　　　　　　　　　　 D. 变压变频调速

67. 在交-直-交变频装置中，若采用不控整流，则 PWM 逆变器的作用是（ ）。

A. 调压　　　　 B. 调频　　　　 C. 调压调频　　　　 D. 调频与逆变

68. 变频调速系统在基频以下一般采用（ ）的控制方式。

A. 恒磁通调速　　 B. 恒功率调速　　 C. 变阻调速　　　 D. 调压调速

69. 交-直-交变频器按输出电压调节方式不同可分为 PAM 与（ ）类型。

A. PYM　　　　 B. PFM　　　　 C. PLM　　　　 D. PWM

70. 变频调速所用的 VVVF 型变频器具有（ ）功能。

A. 调压　　　　 B. 调频　　　　 C. 调压与调频　　 D. 调功率

71. 变频调速中交-直-交变频器一般由（ ）组成。

A. 整流器、滤波器、逆变器　　　 B. 放大器、滤波器、逆变器

C. 整流器、滤波器　　　　　　　 D. 逆变器

72. 变频调速系统中对输出电压的控制方式一般可分为 PWM 控制与（ ）。

A. PFM 控制　　 B. PAM 控制　　 C. PLM 控制　　　 D. PRM 控制

73. 电压型逆变器中间直流环节储能元件是（ ）。

A. 电感　　　　　　　　　　　　 B. 电容

C. 蓄电池　　　　　　　　　　　 D. 电动机

74. 电流型逆变器中间环节储能元件是（ ）。

A. 电感   B. 电容

C. 蓄电池   D. 电动机

75. PWM 型变频器由二极管整流器、滤波电容、（ ）等部分组成。

    A. PAM 逆变器   B. PLM 逆变器   C. 整流放大器   D. PWM 逆变器

76. 若增大 SPWM 逆变器的输出电压基波频率，可采用的控制方法是（ ）。

    A. 增大三角波幅度   B. 增大三角波频率

    C. 增大正弦调制频率   D. 增大正弦调制波幅度

77. 晶体管通用三相 SPWM 型逆变器是由（ ）组成。

    A. 三个电力晶体管开关   B. 六个电力晶体管开关

    C. 六个双向晶闸管   D. 六个二极管

78. SPWM 型逆变器的同步调制方式是载波（三角波）的频率与调制波（正弦波）的频率之比（ ），不论输出频率高低，输出电压每半周的输出脉冲数是相同的。

    A. 等于常数   B. 成反比关系   C. 成平方关系   D. 不等于常数

79. 通用变频器的逆变电路中功率开关现在一般采用（ ）模块。

    A. 晶闸管   B. MOSFET   C. GTR   D. IGBT

80. 普通变频器的电压级别分为（ ）。

    A. 100 V 级与 200 V 级   B. 200 V 级与 400 V 级

    C. 400 V 级与 600 V 级   D. 600 V 级与 800 V 级

81. 变频器所允许的过载电流以（ ）来表示。

    A. 额定电流的百分数   B. 额定电压的百分数

    C. 导线的截面积   D. 额定输出功率的百分数

82. （ ）不适用于变频调速系统。

    A. 直流制动   B. 回馈制动   C. 反接制动   D. 能耗制动

83. MM440 变频器频率控制方式由功能码（ ）设定。

    A. P0003   B. P0010   C. P0070   D. P1000

84. 通用变频器的保护功能很多，通常有过电压保护、过电流保护及（ ）等。

    A. 电网电压保护   B. 间接保护

C. 直接保护   D. 防失速功能保护

85. MM440 变频器要使操作面板有效，应设参数（   ）。

     A. P0010＝1   B. P0010＝0   C. P0700＝1   D. P0700＝2

86. 通用变频器安装时，应（   ），以便于散热。

     A. 水平安装   B. 垂直安装

     C. 任意安装   D. 水平或垂直安装

87. 变频器的交流电源输入端子 L1，L2，L3（R，S，T）接线时（   ），否则将影响电动机的旋转方向。

     A. 应考虑相序   B. 应按正确相序接线

     C. 不需要考虑相序   D. 必须按正确相序接线

88. 通用变频器大部分参数（功能码）必须在（   ）下设置。

     A. 变频器 RUN 状态   B. 变频器运行状态

     C. 变频器停止运行状态   D. 变频器运行状态或停止运行状态

89. 通用变频器安装接线完成后，通电调试前检查接线过程中，接线错误的是（   ）。

     A. 交流电源进线接到变频器电源输入端子

     B. 交流电源进线接到变频器输出端子

     C. 变频器与电动机之间接线未超过变频器允许的最大布线距离

     D. 在工频与变频相互转换的应用中有电气互锁

90. 变频器试运行中如电动机的旋转方向不正确，则应调换（   ），使电动机的旋转方向正确。

     A. 变频器输出端 U，V，W 与电动机的连接线相序

     B. 交流电源进线 L1，L2，L3（R，S，T）的相序

     C. 交流电源进线 L1，L2，L3（R，S，T）、变频器输出端 U，V，W 与电动机的连接线相序

     D. 交流电源进线 L1，L2，L3（R，S，T）的相序或变频器输出端 U，V，W 与电动机的连接线相序

91. 在自动控制系统中，步进电动机通常用于控制系统的（   ）。

A. 开环控制   B. 闭环控制

C. 半闭环控制   D. 前馈控制

92. 步进电动机是通过（   ）决定转角位移的一种伺服电动机。

A. 脉冲的宽度   B. 脉冲的数量

C. 脉冲的相位   D. 脉冲的占空比

93. 步进电动机驱动电路一般可由（   ）、功率驱动单元、保护单元等组成。

A. 脉冲发生控制单元   B. 脉冲移相单元

C. 触发单元   D. 过零触发单元

94. 在步进电动机驱动电路中，脉冲信号经（   ）放大器后控制步进电动机励磁绕组。

A. 功率   B. 电流   C. 电压   D. 直流

95. 变频器与电动机之间接线最大距离是（   ）。

A. 20 m   B. 300 m

C. 任意长度   D. 不能超过变频器允许的最大布线距离

三、多项选择题（选择正确的答案，将相应的字母填入题内的括号中）

1. 一项工程的电气工程图一般由首页、（   ）等几部分组成。

A. 电气系统图   B. 电气原理图   C. 设备布置图

D. 安装接线图   E. 平面图

2. 电气原理图中所有电气元件的触点都按照（   ）时的状态画出。

A. 没有通电   B. 没有外力作用   C. 通电

D. 受外力作用   E. 设备刚启动

3. 按照电气元件图形符号和文字符号国家标准，继电器和接触器的文字符号应分别用（   ）来表示。

A. KA   B. KM   C. FU

D. KT   E. SB

4. 电路中触头的串联关系和并联关系可分别用（   ）的关系表达。

A. 逻辑与，即逻辑乘（·）   B. 逻辑或，即逻辑加（＋）

C. 逻辑异或，即（⊕）   D. 逻辑同或，即（⊙）

E. 逻辑非

5. 在继电器 KA1 的逻辑关系式中包含环节 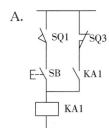 的电路图有（   ）。

A.

B.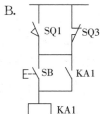

C.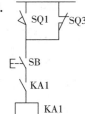

D.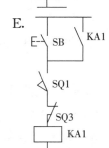

E.

6. 机床电气控制线路中电动机的基本控制线路主要有（   ）。

    A. 启动控制线路   B. 运行控制线路   C. 制动控制线路

    D. 手动控制线路   E. 自动控制线路

7. 机床电气控制系统中交流异步电动机控制常用的保护环节有（   ）。

    A. 短路保护   B. 过电流保护   C. 零电压保护

    D. 欠电压保护   E. 弱磁保护

8. 阅读分析电气原理图的步骤一般可分为（   ）。

    A. 分析控制电路   B. 分析主电路   C. 分析辅助电路

D. 分析联锁和保护环节　　　　E. 分析特殊环节

9. X62W 铣床工作台作左右进给运动时，十字操作手柄必须置于中间零位以解除工作台（　　）之间的互锁。

A. 横向进给　　　　B. 纵向进给　　　　C. 上下移动

D. 圆工作台旋转　　　　E. 主轴旋转

10. 圆工作台控制开关在"接通"位置时，会出现（　　）等情况。

A. 工作台左右不能进给　　B. 工作台前后不能进给　　C. 工作台上下不能进给

D. 圆工作台不能旋转　　　　E. 主轴不能旋转

11. T68 镗床所具备的运动方式有（　　）。

A. 主运动　　　　B. 进给运动　　　　C. 后立柱水平移动

D. 工作台旋转运动　　　　E. 尾架的垂直移动

12. T68 镗床主轴电动机在低速及高速运行时，电动机分别为（　　）形连接。

A. $\triangle$　　　　B. $\triangle\triangle$　　　　C. $\curlyvee$

D. $\overline{YY}$　　　　E. $\curlyvee-\overline{YY}$

13. T68 镗床主轴电动机只有低速挡、没有高速挡时常见的故障原因有（　　）等。

A. 时间继电器 KT 不动作

B. 行程开关 SQ2 安装的位置移动造成 SQ2 处于始终断开的状态

C. 行程开关 SQ2 安装的位置移动造成 SQ2 处于始终接通的状态

D. 时间继电器 KT 的延时常开触点损坏使接触器 KM5 不能吸合

E. 时间继电器 KT 的延时常闭触点损坏使接触器 KM4 不能吸合

14. 20/5 t 起重机电气控制线路中主钩电动机由（　　）来实现控制。

A. 凸轮控制器　　　　B. 主令控制器　　　　C. 交流保护控制柜

D. 磁力控制屏　　　　E. 主钩制动电磁铁

15. 20/5 t 起重机主钩既不能上升又不能下降的原因主要有（　　）等。

A. 欠电压继电器 KV 线圈断路　　　B. 主令控制器零点连锁触点未闭合

C. 欠电压继电器自锁触点未接通　　D. 主钩制动电磁铁线圈始终通电

E. 制动电磁铁线圈开路未松闸

16. 自动控制系统可分为（　　　）。

    A. 开环控制系统　　　　　　B. 闭环控制系统　　　　　　C. 复合控制系统

    D. 直接控制系统　　　　　　E. 间接控制系统

17. 开环控制系统可分为（　　　）。

    A. 按给定量控制的开环控制系统　　　　B. 按输出量控制的开环控制系统

    C. 前馈控制系统　　　　　　　　　　　D. 按输出量控制的反馈控制系统

    E. 按输入量控制的反馈控制系统

18. 闭环控制系统具有（　　　）等重要功能。

    A. 检测被控量

    B. 检测扰动量

    C. 将反馈量与给定量进行比较得到偏差

    D. 将扰动量与给定量进行比较得到偏差

    E. 根据偏差对被控量进行调节

19. 闭环控制系统一般由（　　　）等组成。

    A. 给定元件　　　　　　　　B. 比较元件、放大校正元件

    C. 执行元件　　　　　　　　D. 被控对象

    E. 检测反馈元件

20. 闭环控制系统有（　　　）两个通道。

    A. 前向通道　　　　　　　　B. 执行通道　　　　　　　　C. 反馈通道

    D. 给定通道　　　　　　　　E. 输出通道

21. 自动控制系统的信号有（　　　）等。

    A. 扰动量　　　　　　　　　B. 给定量　　　　　　　　　C. 控制量

    D. 输出量　　　　　　　　　E. 反馈量

22. 复合控制系统是具有（　　　）的控制系统。

    A. 直接控制　　　　　　　　B. 前馈控制　　　　　　　　C. 反馈控制

    D. 间接控制　　　　　　　　E. 后馈控制

23. 按给定量的特点分类，自动控制系统可分为（　　　）。

A. 定值控制系统　　　　　　B. 随动系统　　　　　　C. 反馈控制系统

D. 直接控制系统　　　　　　E. 程序控制系统

24. 直流电动机的调速方法有（　　　）。

　　A. 改变电动机的电枢电压调速

　　B. 改变电动机的励磁电流调速

　　C. 改变电动机的电枢回路串联附加电阻调速

　　D. 改变电动机的电枢电流调速

　　E. 改变电动机的电枢绕组接线调速

25. 直流电动机的调压调速系统的主要方式有（　　　）。

　　A. 发电机-电动机系统　　　　　　B. 晶闸管-电动机系统

　　C. 直流斩波和脉宽调速系统　　　　D. 发电机-励磁系统

　　E. 电动机-发电机系统

26. 直流调速系统的静态指标有（　　　）。

　　A. 调速范围　　　　　　B. 机械硬度　　　　　　C. 静差率

　　D. 转速　　　　　　　　E. 转矩

27. 直流调速系统的静差率与（　　　）有关。

　　A. 机械特性硬度　　　　B. 额定转速　　　　　　C. 理想空载转速

　　D. 额定电流　　　　　　E. 额定转矩

28. 直流调速系统中，给定控制信号作用下的动态性能指标（即跟随性能指标）有（　　　）。

　　A. 上升时间　　　　　　B. 超调量　　　　　　　C. 最大动态速降

　　D. 调节时间　　　　　　E. 恢复时间

29. 由晶闸管可控整流供电的直流电动机，当电流断续时，其机械特性具有（　　　）等特点。

　　A. 理想空载转速升高　　B. 理想空载转速下降　　C. 机械特性显著变软

　　D. 机械特性硬度保持不变　E. 机械特性变硬

30. 比例调节器（P调节器）一般采用反相输入，具有（　　　）等特性。

　　A. 延缓性　　　　　　　　　　　B. 输出电压和输入电压是反相关系

C. 积累性   D. 快速性   E. 记忆性

31. 积分调节器具有（　　）等特性。

A. 延缓性   B. 记忆性   C. 积累性

D. 快速性   E. 稳定性

32. PI 调节器的输出电压 U_{sc} 由（　　）组成。

A. 比例部分   B. 微分部分   C. 比例、微分部分

D. 积分部分   E. 比例、积分、微分部分

33. 调节放大器常用输出限幅电路有（　　）等几种。

A. 二极管钳位的输出外限幅电路   B. 二极管钳位的反馈限幅电路

C. 三极管钳位的反馈限幅电路   D. 稳压管钳位的反馈限幅电路

E. 电容钳位的反馈限幅电路

34. 带正反馈的电平检测器的输入、输出特性具有回环继电特性，回环宽度与（　　）有关。

A. 反馈电阻 RF 的阻值   B. 同相端电阻 R2 的阻值

C. 放大器输出电压幅值   D. 反相输入端电阻 R1 的阻值

E. 放大器输入电压幅值

35. 调速系统中电流检测装置有（　　）等类型。

A. 两个交流电流互感器组成电流检测装置

B. 直流电流互感器组成电流检测装置

C. 三个交流电流互感器组成电流检测装置

D. 电压互感器组成电流检测装置

E. 三个电阻组成电流检测装置

36. 调速系统中转速检测装置按其输出电压形式可分为（　　）。

A. 模拟式   B. 直接式   C. 数字式

D. 间接式   E. 调节式

37. 在转速负反馈单闭环有静差调速系统中，当（　　）发生变化时，系统有调节作用。

A. 放大器的放大系数 K_p B. 供电电网电压 u_d C. 电枢电阻 R_a

D. 电动机励磁电流 I_f E. 转速反馈系数 α

38. 在转速负反馈直流调速系统中，当负载增加以后转速下降，可通过负反馈环节的调节作用使转速有所回升。系统调节后，（   ）。

    A. 电动机电枢电压将增大   B. 电动机主电路电流将减小

    C. 电动机电枢电压将不变   D. 电动机主电路电流将增大

    E. 电动机主电路电流将不变

39. 闭环调速系统的静特性是（   ）。

    A. 表示闭环系统电动机的电压与电流（或转矩）的动态关系

    B. 表示闭环系统电动机的转速与电流（或转矩）的动态关系

    C. 表示闭环系统电动机的转速与电流（或转矩）的静态关系

    D. 表示闭环系统电动机的电压与电流（或转矩）的静态关系

    E. 各条开环机械特性上工作点 A，B，C，D 点等组成

40. 闭环调速系统和开环调速系统性能相比较有（   ）等方面特点。

    A. 闭环系统的静态转速降为开环系统静态转速降的 $1/(1+K)$ 倍

    B. 闭环系统的静态转速降为开环系统静态转速降的 $1/(1+2K)$ 倍

    C. 当理想空载转速相同时，闭环系统的静差率为开环系统静差率的 $1/(1+K)$ 倍

    D. 当理想空载转速相同时，闭环系统的静差率为开环系统静差率的 $1+K$ 倍

    E. 当系统静差率要求相同时，闭环系统的调速范围为开环系统的调速范围的 $1+K$ 倍

41. 转速负反馈调速系统对（   ）等扰动作用都能有效地加以抑制。

    A. 负载变化   B. 给定电压变化   C. 电动机励磁电流变化

    D. 直流电动机电枢电阻   E. 交流电压波动

42. 无静差调速系统转速调节器可采用（   ）。

    A. 比例积分调节器   B. 积分调节器

    C. 比例调节器   D. 微分调节器

43. 采用 PI 调节器的转速负反馈无静差直流调速系统负载变化时，系统调节过程为（   ）。

    A. 调节过程的后期阶段积分调节起主要作用

    B. 调节过程的中间阶段和后期阶段比例调节起主要作用

C. 调节过程的开始阶段和中间阶段积分调节起主要作用

D. 调节过程的开始阶段和后期阶段比例调节起主要作用

E. 调节过程的开始阶段和中期阶段比例调节起主要作用

44. 电流截止负反馈环节有（　　）等方法。

A. 采用晶闸管作比较电压的电路

B. 采用独立直流电源作比较电压的电路

C. 采用单结晶体管作比较电压的电路

D. 采用稳压管作比较电压的电路

E. 采用三极管作比较电压的电路

45. 带电流截止负反馈的转速负反馈直流调速系统的静特性具有（　　）等特点。

A. 电流截止负反馈起作用时，静特性为很陡的下垂特性

B. 电流截止负反馈起作用时，静特性很硬

C. 电流截止负反馈不起作用时，静特性很硬

D. 电流截止负反馈不起作用时，静特性为很陡的下垂特性

E. 不管电流截止负反馈是否起作用，静特性都很硬

46. 电压负反馈直流调速系统对（　　）等扰动所引起的转速降有补偿能力。

A. 电枢电阻 Rd 电压降　　　　　B. 晶闸管变流器内阻电压降

C. 电动机的励磁电流变化　　　　D. 电源电压的波动

E. 电压调节器放大系数变化

47. 带电流正反馈的电压负反馈直流调速系统中，电压负反馈、电流正反馈是性质完全不同的两种控制作用，具体来说（　　）。

A. 电压负反馈是补偿环节

B. 电压负反馈不是补偿环节而是反馈环节

C. 电流正反馈既是补偿环节也是反馈环节

D. 电流正反馈既不是补偿环节也不是反馈环节

E. 电流正反馈是补偿环节不是反馈环节

48. 转速、电流双闭环调速系统中，（　　）。

A. 电流环为内环　　　　　B. 电流环为外环　　　　　C. 转速环为外环

D. 转速环为内环　　　　　E. 电压环为内环

49. 转速、电流双闭环调速系统中，转速调节器 ASR、电流调节器 ACR 的输出限幅电压作用不相同，具体来说是（　　　）。

A. ASR 输出限幅电压决定了电动机电枢电流最大值

B. ASR 输出限幅电压限制了晶闸管变流器输出电压最大值

C. ACR 输出限幅电压决定了电动机电枢电流最大值

D. ACR 输出限幅电压限制了晶闸管变流器输出电压最大值

E. ASR 输出限幅电压决定了电动机最高转速值

50. 转速、电流双闭环调速系统启动过程有（　　　）阶段。

A. 电流上升　　　　　　　B. 恒流升速　　　　　　　C. 转速调节

D. 电压调节　　　　　　　E. 转速上升

51. 转速、电流双闭环调速系统在突加负载时，转速调节器 ASR 和电流调节器 ACR 两者均参与调节作用，通过系统调节作用使转速基本不变，系统调节后（　　　）。

A. ASR 输出电压增加　　　　　　B. 晶闸管变流器输出电压增加

C. ASR 输出电压减小　　　　　　D. 电动机电枢电流增大

E. ACR 输出电压增加

52. 转速、电流双闭环直流调速系统中，在电源电压波动时的抗扰作用主要通过电流调节器来调节。当电源电压下降时，系统调节过程中（　　　），以维持电枢电流不变，使电动机转速几乎不受电源电压波动的影响。

A. 转速调节器输出电压增大　　　　B. 电流调节器输出电压减小

C. 电流调节器输出电压增大　　　　D. 触发器控制角 α 减小

E. 触发器控制角 α 增大

53. 转速、电流双闭环调速系统中转速调节器的作用有（　　　）。

A. 转速跟随给定电压变化　　　　　B. 稳态无静差

C. 对负载变化起抗扰作用　　　　　D. 其输出限幅值决定允许的最大电流

E. 对电网电压起抗扰作用

54. 转速、电流双闭环调速系统中电流调节器的作用有（　　　）。

　　A. 对电网电压起抗扰作用

　　B. 启动时获得最大的电流

　　C. 电动机堵转时限制电枢电流的最大值

　　D. 转速调节过程中使电流跟随其给定电压变化

　　E. 对负载变化起抗扰作用

55. 晶闸管-电动机可逆直流调速系统的可逆电路形式有（　　　）。

　　A. 两组晶闸管组成反并联连接电枢可逆调速电路

　　B. 接触器切换电枢可逆调速电路

　　C. 两组晶闸管组成交叉连接电枢可逆调速电路

　　D. 两组晶闸管组成磁场可逆调速电路

　　E. 接触器切换磁场可逆调速电路

56. 晶闸管-电动机直流调速系统直流电动机工作在电动状态时，（　　　）。

　　A. 晶闸管变流器工作在整流工作状态、控制角 $\alpha > 90°$

　　B. 晶闸管变流器工作在整流工作状态、控制角 $\alpha < 90°$

　　C. 电磁转矩的方向和转速方向相反

　　D. 晶闸管变流器工作在逆变工作状态、控制角 $\alpha > 90°$

　　E. 电磁转矩的方向和转速方向相同

57. 电枢反并联可逆调速系统中，当电动机正向制动时，（　　　）。

　　A. 电动机处于发电回馈制动状态

　　B. 反向组晶闸管变流器处于有源逆变工作状态、控制角 $\alpha > 90°$

　　C. 正向组晶闸管变流器处于有源逆变工作状态、控制角 $\alpha > 90°$

　　D. 反向组晶闸管变流器处于有源逆变工作状态、控制角 $\alpha < 90°$

　　E. 电动机正转

58. 采用两组晶闸管变流器电枢反并联可逆系统的有（　　　）。

　　A. 有环流可逆系统　　　B. 逻辑无环流可逆系统　　　C. 错位无环流可逆系统

　　D. 逻辑有环流可逆系统　　　E. 错位有环流可逆系统

59. 逻辑无环流可逆调速系统反转过程是由正向制动过程和反向启动过程衔接起来的，在正向制动过程中包括（　　）阶段。

    A. 本桥逆变　　　　　　　B. 本桥整流　　　　　　　C. 它桥制动

    D. 它桥整流　　　　　　　E. 它桥逆变

60. 可逆直流调速系统对无环流逻辑装置的基本要求是（　　）。

    A. 当转矩极性信号（U_{gi}）改变极性时，允许进行逻辑切换

    B. 在任何情况下，绝对不允许同时开放正反两组晶闸管触发脉冲

    C. 当转矩极性信号（U_{gi}）改变极性时，等到有零电流信号后，才允许进行逻辑切换

    D. 检测出"零电流信号"再经过"封锁等待时间"延时后才能封锁原工作组晶闸管触发脉冲

    E. 检测出"零电流信号"后封锁原工作组晶闸管触发脉冲

61. 逻辑无环流可逆调速系统中，无环流逻辑装置中应设有（　　）电平检测器。

    A. 延时判断　　　　　　　B. 零电流检测　　　　　　C. 逻辑判断

    D. 转矩极性鉴别　　　　　E. 电压判断

62. 测定三相交流电源相序可采用（　　）。

    A. 相序测试器　　　　　　B. 单踪示波器　　　　　　C. 双踪示波器

    D. 所有示波器　　　　　　E. 图示仪

63. 转速、电流双闭环调速系统调试时，一般是先调试电流环，再调试转速环。转速环调试主要包括（　　）。

    A. 转速反馈极性判别，接成正反馈

    B. 调节转速反馈值整定电动机最高转速

    C. 调整转速调节器输出电压限幅值

    D. 转速反馈极性判别，接成负反馈

    E. 转速调节器 PI 参数调整

64. 全数字调速系统与模拟控制调速系统相比，具有（　　）等优点。

    A. 应用灵活性好　　　　　B. 性能好　　　　　　　　C. 调试及维修复杂

    D. 可靠性高　　　　　　　E. 调试及维修方便

65. 按编码原理分类，编码器可分为（　　　）等。

　　A. 增量式　　　　　　　　B. 相对式　　　　　　　　C. 减量式

　　D. 绝对式　　　　　　　　E. 直接式

66. 交流电动机调速方法有（　　　）。

　　A. 变频调速　　　　　　　B. 变极调速　　　　　　　C. 串级调速

　　D. 调压调速　　　　　　　E. 转子串电阻调速

67. 异步电动机变压变频调速系统中，调速时应同时（　　　）。

　　A. 改变定子电源电压的频率　　　　B. 改变定子电源的电压

　　C. 改变转子电压　　　　　　　　　D. 改变转子电压的频率

　　E. 改变定子电源电压的相序

68. 变频调速系统在基频以下调速控制方式有（　　　）的控制方式。

　　A. 恒压频比（U_1/f_1＝常数）　　　　B. 恒定电动势频比（E_1/f_1＝常数）

　　C. 磁通与频率成反比　　　　　　　　D. 磁通与频率成正比

　　E. 改变定子电压频率，保持定子电压恒定

69. 交-直-交变频器，按中间回路对无功能量处理方式的不同，可分为（　　　）等。

　　A. 电压型　　　　　　　　B. 电流型　　　　　　　　C. 转差率型

　　D. 频率型　　　　　　　　E. 电抗型

70. 变频调速中，变频器具有（　　　）功能。

　　A. 调压　　　　　　　　　B. 调电流　　　　　　　　C. 调转差率

　　D. 调频　　　　　　　　　E. 调功率

71. 变频调速中，交-直-交变频器一般由（　　　）等部分组成。

　　A. 整流器　　　　　　　　B. 滤波器　　　　　　　　C. 放大器

　　D. 逆变器　　　　　　　　E. 分配器

72. 变频调速系统中对输出电压的控制方式一般可分为（　　　）。

　　A. PFM 控制　　　　　　　B. PAM 控制　　　　　　　C. PLM 控制

　　D. PRM 控制　　　　　　　E. PWM 控制

73. 电压型逆变器的特点是（　　　）。

A. 采用电容器滤波　　　　B. 输出阻抗低　　　　C. 输出电压为正弦波

D. 输出电压为矩形波　　　E. 输出阻抗高

74. 电流型逆变器的特点是（　　　）。

A. 采用大电感滤波　　　　B. 输出阻抗低　　　　C. 输出电流为正弦波

D. 输出电流为矩形波　　　E. 输出阻抗高

75. PWM 型变频器具有（　　　）等特点。

A. 主电路只有一组可控的功率环节，简化了结构

B. 逆变器同时实现调频与调压

C. 可获得接近于正弦波的输出电压波形，转矩脉动小

D. 载波频率高，使电动机可实现静音运转

E. 采用二极管整流器，提高电网功率因数

76. SPWM 逆变器可同时实现（　　　）。

A. 调电压　　　　　　　　B. 调电流　　　　　　　C. 调频率

D. 调功率　　　　　　　　E. 调相位

77. SPWM 变频器输出基波电压的大小和频率均由参考信号（调制波）来控制。具体来说，（　　　）。

A. 改变参考信号幅值可改变输出基波电压的大小

B. 改变参考信号频率可改变输出基波电压的频率

C. 改变参考信号幅值与频率可改变输出基波电压的大小

D. 改变参考信号幅值与频率可改变输出基波电压的频率

E. 改变参考信号幅值可改变输出基波电压的大小与频率

78. SPWM 型逆变器的调制方式有（　　　）等。

A. 同步调制　　　　　　　B. 同期调制　　　　　　C. 直接调制

D. 异步调制　　　　　　　E. 间接调制

79. 通用变频器一般由（　　　）等部分组成。

A. 整流电路　　　　　　　B. 逆变电路　　　　　　C. 滤波电路

D. 控制电路　　　　　　　E. 无功补偿电容器

80. 通用变频器的额定输出包括（ ）等方面的内容。

    A. 额定输出电流   B. 最大输出电流   C. 允许的时间

    D. 额定输出容量   E. 最大输出容量

81. 通用变频器所允许的过载电流以（ ）来表示。

    A. 额定电流的百分数   B. 最大电流的百分数   C. 允许的时间

    D. 额定输出功率的百分数   E. 额定的时间

82. 通用变频器的电气制动方式一般有（ ）等几种。

    A. 失电制动   B. 能耗制动   C. 直流制动

    D. 回馈制动   E. 直接制动

83. 通用变频器的频率给定方式有（ ）等。

    A. 数字面板给定方式   B. 模拟量给定方式

    C. 多段速（固定频率）给定方式   D. 通信给定方式

    E. 直接给定方式

84. 通用变频器的保护功能很多，通常有（ ）等。

    A. 欠电压保护   B. 过电压保护   C. 过电流保护

    D. 防失速功能保护   E. 瞬间停电处理

85. 通用变频器容量选择由很多因素决定，如（ ）等。

    A. 电动机容量   B. 电动机额定电流   C. 电动机额定电压

    D. 加速时间   E. 运行时间

86. 通用变频器设置场所应注意（ ）等。

    A. 避免受潮、无水浸   B. 无易燃、易爆气体

    C. 便于对变频器进行检查和维护   D. 备有通风和换气设备

    E. 腐蚀性气体、粉尘少

87. 通用变频器的主电路接线端子一般包括（ ）等。

    A. 交流电源输入端子   B. 熔断器接线端子   C. 变频器输出端子

    D. 外部制动电阻接线端子   E. 接地端子

88. 通用变频器的操作面板根据生产厂家不同而有所不同，但基本功能相同，主要有

（　　）等。

A. 显示频率、电流、电压　　　　　　B. 设定频率、系统参数（功能码）

C. 读取变频器运行信息和故障报警信息　　D. 故障报警信息复位

E. 变频器的操作面板运行操作

89. 通用变频器安装接线完成后，通电调试前的检查接线过程中接线正确的是（　　）。

A. 交流电源进线不要接到变频器输出端子

B. 交流电源进线不要接到变频器控制电路端子

C. 变频器与电动机之间接线的长度不能超过变频器允许的最大布线距离

D. 交流电源进线接到变频器控制电路端子

E. 在工频与变频相互转换的应用中要有电气互锁

90. 通用变频器试运行检查主要包括（　　）等内容。

A. 电动机旋转方向是否正确　　　　　B. 电动机是否有不正常的振动和噪声

C. 电动机的温升是否过高　　　　　　D. 电动机的温升是否过低

E. 电动机的升、降速是否平滑

91. 常用步进电动机有（　　）等种类。

A. 同步式　　　　　　B. 反应式　　　　　　C. 直接式

D. 混合式　　　　　　E. 间接式

92. 步进电动机通电方式运行有（　　）等。

A. 单三相三拍运行方式　　B. 三相单三拍运行方式　　C. 三相双三拍运行方式

D. 三相六拍运行方式　　　E. 单相三拍运行方式

93. 步进电动机驱动电路一般由（　　）等组成。

A. 脉冲发生控制单元　　　B. 脉冲移相单元　　　　　C. 功率驱动单元

D. 保护单元　　　　　　　E. 触发单元

94. 步进电动机功率驱动电路有（　　）等类型。

A. 单电压功率驱动　　　　B. 双电压功率驱动　　　　C. 斩波恒流功率驱动

D. 高低压功率驱动　　　　E. 三电压功率驱动

PLC 应用技术

一、判断题（将判断结果填入括号中。正确的填"√"，错误的填"×"）

1. 可编程控制器不是普通的计算机，它是一种工业现场用计算机。 （　　）

2. 继电接触器控制电路工作时，电路中硬件都处于受控状态，PLC 各软继电器都处于周期循环扫描状态，各个软继电器的线圈和它的触点动作并不同时发生。 （　　）

3. 美国通用汽车公司于 1968 年提出用新型控制器代替传统继电接触器控制系统的要求。

（　　）

4. 可编程控制器抗干扰能力强，是工业现场用计算机特有的产品。 （　　）

5. PLC 的输出线圈可以放在梯形图逻辑行的中间任意位置。 （　　）

6. 可编程控制器的输入端可与机械系统上的触点开关、接近开关、传感器等直接连接。

（　　）

7. 可编程控制器一般由 CPU、存储器、输入/输出接口、电源、编程器五部分组成。

（　　）

8. 可编程控制器的型号能反映出该机的基本特征。 （　　）

9. PLC 采用了典型的计算机结构，主要是由 CPU，RAM，ROM 和专门设计的输入输出接口电路等组成。 （　　）

10. 在 PLC 的顺序控制程序中，采用步进指令方式编程有方法简单、规律性强、修改程序方便的优点。 （　　）

11. 复杂的电气控制程序设计可以采用继电接触器控制原理图来设计程序。 （　　）

12. 在 PLC 的顺序控制程序中，采用步进指令方式编程有程序不能修改的优点。

（　　）

13. 字元件主要用于开关量信息的传递、变换及逻辑处理。 （　　）

14. 能流在梯形图中只能单方向流动，从左向右流动，层次的改变只能先上后下。

（　　）

15. 当用计算机编制 PLC 程序时，即使将程序存储在计算机里，PLC 也能根据该程序

正常工作，但必须保证 PLC 与计算机正常通信。　　　　　　　　　　（　　）

16. 将 PLC 的应用程序输入到 PLC 的用户程序存储器后，如果需要更改，只需要将程序从 PLC 读出予以修改，然后再下载到 PLC 即可。　　　　　　　（　　）

17. PLC 一个扫描周期的工作过程是指读入输入状态到发出输出信号所用的时间。（　　）

18. 连续扫描工作方式是 PLC 的一大特点，也可以说 PLC 是"串行"工作的，而继电器控制系统是"并行"工作的。　　　　　　　　　　　　　（　　）

19. PLC 的继电器输出适用于要求高速通断、快速响应的工作场合。　　（　　）

20. PLC 的双向晶闸管适用于要求高速通断、快速响应的交流负载工作场合。（　　）

21. PLC 的晶体管适用于要求高速通断、快速响应的直流负载工作场合。（　　）

22. PLC 产品技术指标中的存储容量是指其内部用户存储器的存储容量。（　　）

23. 所有内部辅助继电器均带有停电记忆功能。　　　　　　　　　　（　　）

24. FX 系列 PLC 输入继电器是用程序驱动的。　　　　　　　　　　（　　）

25. FX 系列 PLC 输出继电器是用程序驱动的。　　　　　　　　　　（　　）

26. PLC 中 T 是实现断电延时的操作指令，输入由 ON 变为 OFF 时，定时器开始定时，当定时器的输入为 OFF 或电源断开时，定时器复位。　　　　　（　　）

27. FX 系列 PLC 步进指令不是用程序驱动的。　　　　　　　　　　（　　）

28. 计数器只能作加法运算，若要作减法运算必须用寄存器。　　　　（　　）

29. 数据寄存器是用于存储数据的软元件，在 FX2N 系列中为 16 位，也可组合为 32 位。　　　　　　　　　　　　　　　　　　　　　　　　　（　　）

30. PLC 由 STOP 到 RUN 的瞬间接通一个扫描周期的特殊辅助继电器里 M8000。　　　　　　　　　　　　　　　　　　　　　　　　　　　（　　）

31. 输入继电器仅是一种形象说法，并不是真实继电器，它是编程语言中专用的"软元件"。　　　　　　　　　　　　　　　　　　　　　　　　（　　）

32. 在设计 PLC 梯形图时，每一个逻辑行中，并联节点多的支路放在左边。（　　）

33. PLC 的梯形图是由继电接触控制线路演变来的。　　　　　　　　（　　）

34. 能直接编程的梯形图必须符合顺序执行，即从上到下，从左到右地执行。（　　）

35. 串联接点较多的电路放在梯形图的上方，可减少指令表语言的条数。（　　）

36. 并联接点较多的电路放在梯形图的上方，可减少指令表语言的条数。　（　　）

37. 当并联电路块与前面的电路连接时使用 ANB 指令，块与指令 ANB 带操作数。

　（　　）

38. 桥型电路需重排，复杂电路要简化处理。　（　　）

39. 在 FX 系列 PLC 的编程指令中，STL 是基本指令。　（　　）

40. PLC 程序中的 END 指令的用途是程序结束，停止运行。　（　　）

41. 用于梯形图某接点后存在分支支路的指令为栈操作指令。　（　　）

42. 主控触点指令含有主控触点 MC 及主控触点复位 RST 两条指令。　（　　）

43. 如下所示，A 属于并行输出方式。　（　　）

(A)		(B)		(C)		(D)	
LD	X0	LD	X0	LD	X0	LD	Y0
OUT	Y0	OUT	Y0	OUT	Y0	OUT	X2
LD	X1	OUT	Y1	LD	X1	LD	Y1
OUT	Y1	OUT	Y2	OUT	Y1	OUT	X1
LD	X2			LD	X2	LD	Y2
OUT	Y2			OUT	Y2	OUT	X0

44. 步进顺控的编程原则是先进行负载驱动处理，然后进行状态转移处理。　（　　）

45. 状态转移图中，终止工作步不是它的组成部分。　（　　）

46. PLC 步进指令中的每个状态器都需具备驱动有关负载、指定转移目标、指定转移条件三要素。　（　　）

47. SFC 步进顺控图中，按流程类型分，主要有简单流程、选择性分支、并行性分支、混合式分支。　（　　）

48. 在选择性分支中转移到各分支的转换条件必须是各分支之间互相排斥。　（　　）

49. 连续写 STL 指令表示并行汇合，STL 指令最多可连续使用无数次。　（　　）

50. 状态元件 S 除了可与 STL 指令结合使用，还可作为定时器使用。　（　　）

51. 在 STL 指令后，不同时激活的双线圈是允许的。　（　　）

52. 在 STL 指令和 RET 指令之间不能使用 MC/MCR 指令。　（　　）

53. STL 的作用是把状态器的触点和左母线连接起来。　（　　）

54. 功能指令主要由功能指令助记符和操作元件两大部分组成。 （　　）

55. 只具有接通或断开两种状态的元件称为字元件。 （　　）

56. FX 系列 PLC 的所有功能指令都能为脉冲执行型指令。 （　　）

57. 功能指令的操作数可分为源操作数、目标操作数和其他操作数。 （　　）

58. 在 FX 系列 PLC 功能指令中，附有符号 D 表示处理 32 位数据。 （　　）

59. PLC 中的功能指令主要是指用于数据的传送、运算、变换、程序控制等功能的指令。
（　　）

60. 比较指令是将源操作数〔S1〕和〔S2〕中数据进行比较，结果驱动目标操作数〔D〕。
（　　）

61. 传送指令 MOV 功能是源数据内容传送给目标单元，同时源数据不变。 （　　）

62. 变址寄存器 V，Z 只能用于在传送、比较类指令中用来修改操作对象的元件号。
（　　）

63. 在 FX 系列 PLC 中，均可应用触点比较指令。 （　　）

64. 程序设计时必须了解生产工艺和设备对控制系统的要求。 （　　）

65. 系统程序要永久保存在 PLC 中，用户不能改变。用户程序是根据生产工艺要求编制的，可修改或增删。 （　　）

66. PLC 模拟调试的方法是在输入端接开关来模拟输入信号，输出端接指示灯来模拟被控对象的动作。 （　　）

67. 选择可编程控制器的原则是价格越低越好。 （　　）

68. 可编程控制器的开关量输入/输出总点数是计算所需内存储器容量的重要根据。
（　　）

69. PLC 扩展单元中，A/D 转换模块的功能是数字量转换为模拟量。 （　　）

70. FX2N 可编程控制器面板上的"PROG. E"指示灯闪烁是编程语法有错。 （　　）

71. FX2N 可编程控制器面板上的"RUN"指示灯点亮，表示 PLC 正常运行。 （　　）

72. FX2N 可编程控制器面板上的"BATT. V"指示灯点亮，应检查程序是否有错。
（　　）

73. PLC 必须采用单独接地。 （　　）

74. PLC 的硬件接线不包括控制柜与编程器之间的接线。   (   )

75. PLC 除了锂电池及输入/输出触点，几乎没有经常性损耗的元器件。   (   )

76. PLC 锂电池电压即使降至最低值，用户程序也不会丢失。   (   )

二、单项选择题（选择一个正确的答案，将相应的字母填入题内的括号中）

1. PLC 是在（   ）基础上发展起来的。

    A. 电气控制系统   B. 单片机   C. 工业计算机   D. 机器人

2. PLC 与继电控制系统之间存在元件触点数量、工作方式和（   ）差异。

    A. 使用寿命   B. 工作环境   C. 体积大小   D. 接线方式

3. 世界上公认的第一台 PLC 是（   ）年美国数字设备公司研制的。

    A. 1958   B. 1969   C. 1974   D. 1980

4. 可编程控制器体积小、质量轻，是（   ）特有的产品。

    A. 机电一体化   B. 工业企业

    C. 生产控制过程   D. 传统机械设备

5. （   ）是 PLC 的输出信号，用来控制外部负载。

    A. 输入继电器   B. 输出继电器   C. 辅助继电器   D. 计数器

6. PLC 中专门用来接受外部用户输入的设备，称（   ）继电器。

    A. 辅助   B. 状态   C. 输入   D. 时间

7. （   ）对 PLC 的描述是错误的。

    A. 存放输入信号   B. 存放用户程序

    C. 存放数据   D. 存放系统程序

8. （   ）型号是 FX 系列基本单元晶体管输出。

    A. FX0N - 60MR   B. FX2N - 48MT

    C. FX - 16EYT - TB   D. FX - 48ET

9. PLC 的输出方式为晶体管型时，它适用于（   ）负载。

    A. 感性   B. 交流   C. 直流   D. 交直流

10. PLC 的程序编写方法有（   ）。

    A. 梯形图和功能图   B. 图形符号逻辑

C. 继电器原理图   D. 卡诺图

11. 在较大型和复杂的电气控制程序设计中，可以采用（   ）方法来设计程序。

     A. 程序流程图设计   B. 继电控制原理图设计

     C. 简化梯形图设计   D. 普通的梯形图设计

12. 在 PLC 的顺序控制程序中采用步进指令方式编程有（   ）等优点。

     A. 方法简单、规律性强   B. 程序不能修改

     C. 功能性强、专用指令多   D. 程序不需进行逻辑组合

13. 功能指令用于数据传送、运算、变换及（   ）功能。

     A. 编写指令语句表   B. 编写状态转移图

     C. 编写梯形图   D. 程序控制

14. 为了便于分析 PLC 的周期扫描原理，假想在梯形图中有（   ）流动，这就是"能流"。

     A. 电压   B. 电动势   C. 电流   D. 反电势

15. PLC 将输入信息采入内部，执行（   ）的逻辑功能，最后达到控制要求。

     A. 硬件   B. 元件   C. 用户程序   D. 控制部件

16. 通过编制控制程序，即将 PLC 内部的各种逻辑部件按照（   ）进行组合以达到一定的逻辑功能。

     A. 设备要求   B. 控制工艺   C. 元件材料   D. 编程器型号

17. PLC 的扫描周期与程序的步数、（   ）及所用指令的执行时间有关。

     A. 辅助继电器   B. 计数器   C. 计时器   D. 时钟频率

18. PLC 的扫描周期与程序的步数、（   ）及时钟频率有关。

     A. 辅助继电器   B. 计数器

     C. 计时器   D. 所用指令的执行时间

19. PLC 的（   ）输出是有触点输出，既可控制交流负载又可控制直流负载。

     A. 继电器   B. 晶体管   C. 单结晶体管   D. 二极管

20. PLC 的（   ）输出是无触点输出，只能用于控制交流负载。

     A. 继电器   B. 双向晶闸管   C. 单结晶体管   D. 二极管

21. PLC 的（　　）输出是无触点输出，只能用于控制直流负载。

    A. 继电器　　　　　　　B. 双向晶闸管　　　　　C. 晶体管　　　　　　　D. 二极管

22. 可编程控制器的（　　）是它的主要技术性能之一。

    A. 机器型号　　　　　　B. 接线方式　　　　　　C. 输入/输出点数　　　D. 价格

23. FX 系列 PLC 内部辅助继电器 M 编号是（　　）进制的。

    A. 二　　　　　　　　　B. 八　　　　　　　　　C. 十　　　　　　　　　D. 十六

24. FX 系列 PLC 内部输入继电器 X 编号是（　　）进制的。

    A. 二　　　　　　　　　B. 八　　　　　　　　　C. 十　　　　　　　　　D. 十六

25. FX 系列 PLC 内部输出继电器 Y 编号是（　　）进制的。

    A. 二　　　　　　　　　B. 八　　　　　　　　　C. 十　　　　　　　　　D. 十六

26. PLC 中的定时器是（　　）。

    A. 硬件实现的延时继电器，在外部调节

    B. 软件实现的延时继电器，用参数调节

    C. 时钟继电器

    D. 输出继电器

27. 状态元件编写步进指令，两条指令为（　　）。

    A. SET，STL　　　　　　　　　　　　B. OUT，SET

    C. STL，RET　　　　　　　　　　　　D. RET，END

28. 用于停电恢复后需要继续执行停电前状态的计数器是（　　）。

    A. C0～C29　　　　　　　　　　　　　B. C100～C199

    C. C30～C49　　　　　　　　　　　　　D. C50～C99

29. 断电保持数据寄存器（　　）只要不改写，无论运算或停电，原有数据不变。

    A. D0～D49　　　　　　　　　　　　　B. D50～D99

    C. D100～D199　　　　　　　　　　　　D. D200～D511

30. M8013 辅助继电器的脉冲输出周期是（　　）s。

    A. 5　　　　　　　　　　B. 13　　　　　　　　　C. 10　　　　　　　　　D. 1

31. FX 系列的 PLC 数据类软元件的基本结构为 16 位存储单元，机内（　　）称为字元件。

    A. X   B. Y   C. V   D. S

32. 在同一段程序内，（   ）使用相同的暂存寄存器存储不相同的变量。

    A. 不能   B. 能

    C. 根据程序和变量的功能确定   D. 只要不引起输出矛盾就可以

33. 可编程控制器的梯形图采用（   ）方式工作。

    A. 并行控制   B. 串并控制

    C. 循环扫描   D. 连续扫描

34. 有几个并联回路相串联时，应将并联回路多的放在梯形图的（   ），可以节省指令表语言的条数。

    A. 左边   B. 右边   C. 上方   D. 下方

35. 在 PLC 梯形图编程中，两个或两个以上的触点串联的电路称为（   ）。

    A. 串联电路   B. 并联电路

    C. 串联电路块   D. 并联电路块

36. 在 PLC 梯形图编程中，两个或两个以上的触点并联的电路称为（   ）。

    A. 串联电路   B. 并联电路

    C. 串联电路块   D. 并联电路块

37. OR 指令的作用是（   ）。

    A. 用于单个常开触点与前面的触点串联连接

    B. 用于单个常闭触点与上面的触点并联连接

    C. 用于单个常闭触点与前面的触点串联连接

    D. 用于单个常开触点与上面的触点并联连接

38. 在 PLC 梯形图编程中，触点应画在（   ）上。

    A. 垂直线   B. 水平线

    C. 串在输出继电器后面   D. 直接连到右母线

39. 在 FX2N 系列的基本指令中，（   ）指令是不带操作元件的。

    A. OR   B. ORI   C. ORB   D. OUT

40. PLC 程序中的 END 指令的用途是（　　）。

    A. 程序结束，停止运行

    B. 指令扫描到端点，有故障

    C. 指令扫描到端点，将进行新的扫描

    D. 程序结束，停止运行和指令扫描到端点，有故障

41. （　　）为栈操作指令，用于梯形图某接点后存在分支支路的情况。

    A. MC，MCR　　　　　　　　　　B. OR，ORB

    C. AND，ANB　　　　　　　　　　D. MPS，MRD，MPP

42. 主控指令可以嵌套，但最多不能超过（　　）级。

    A. 8　　　　　　　　B. 7　　　　　　　　C. 5　　　　　　　　D. 2

43. 如下所示，（　　）属于并行输出方式。

A.	LD	XO	B.	LD	XO	C.	LD	XO	D.	LD	YO
	OUT	YO		OUT	YO		OUT	YO		OUT	X2
	LD	X1		OUT	Y1		LD	X1		LD	Y1
	OUT	Y1		OUT	Y2		OUT	Y1		OUT	X1
	LD	X2					LD	X2		LD	Y2
	OUT	Y2					OUT	Y2		OUT	XO

44. PLC 中状态器 S 的接点指令 STL 的功能是（　　）。

    A. S 线圈被激活　　　　　　　　B. S 的触点与母线连接

    C. 将步进触点返回主母线　　　　D. S 的常开触点与主母线连接

45. 状态转移图中，（　　）不是它的组成部分。

    A. 初始步　　　　　　　　　　　B. 中间工作步

    C. 终止工作步　　　　　　　　　D. 转换和转换条件

46. 状态的三要素为驱动负载、转移条件和（　　）。

    A. 初始步　　　　　　　　　　　B. 扩展工作步

    C. 中间工作步　　　　　　　　　D. 转移方向

47. 如下图，该状态转移图属于（　　）流程结构形式。

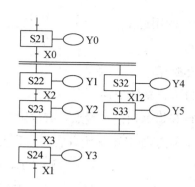

A. 单流程 B. 选择性流程

C. 并行性流程 D. 跳转流程

48. 步进指令 STL 在步进梯形图上是以（　　）来表示的。

　　A. 步进接点 B. 状态元件

　　C. S 元件的常开触点 D. S 元件的置位信号

49. 并行性分支的汇合状态由（　　）来驱动。

　　A. 任意一个分支的最后状态 B. 两个分支的最后状态同时

　　C. 所有分支的最后状态同时 D. 任意个分支的最后状态同时

50. STL 指令仅对状态元件（　　）有效，对其他元件无效。

　　A. T B. C C. M D. S

51. 在 STL 指令后，（　　）双线圈是允许的。

　　A. 不同时激活 B. 同时激活 C. 无须激活 D. 随机激活

52. SET 指令和 RST 指令都具有（　　）功能。

　　A. 循环 B. 自锁 C. 过载保护 D. 复位

53. 在 STL 步进的顺控图中，S10～S19 的功能是（　　）。

　　A. 初始化 B. 回原点 C. 基本动作 D. 通用型

54. 功能指令的格式是由（　　）组成的。

　　A. 功能编号与操作元件 B. 助记符和操作元件

　　C. 标识符与参数 D. 助记符与参数

55. FX 系列 PLC 的功能指令所使用的数据类软元件中，除了字元件、双字元件之外，还可使用（　　）。

    A. 三字元件　　　　　B. 四字元件　　　　　C. 位元件　　　　　D. 位组合元件

56. 功能指令可分为 16 位指令和 32 位指令，其中 32 位指令用（　　）表示。

    A. CMP　　　　　　B. MOV　　　　　　C. DADD　　　　　D. SUB

57. 功能指令的操作数可分为源操作数和（　　）操作数。

    A. 数值　　　　　　B. 参数　　　　　　C. 目标　　　　　　D. 地址

58. FX2N 有 200 多条功能指令，分（　　）、数据处理指令和特殊应用指令等基本类型。

    A. 基本指令　　　　B. 步进指令　　　　C. 程序控制　　　　D. 结束指令

59. FX2N 可编程控制器中的功能指令有（　　）条。

    A. 20　　　　　　　B. 2　　　　　　　　C. 100　　　　　　D. 200 多

60. 比较指令 CMP K100 C20 M0 中使用了（　　）个辅助继电器。

    A. 1　　　　　　　　B. 2　　　　　　　　C. 3　　　　　　　　D. 4

61. 在梯形图编程中，传送指令 MOV 的功能是（　　）。

    A. 源数据内容传送给目标单元，同时将源数据清零

    B. 源数据内容传送给目标单元，同时源数据不变

    C. 目标数据内容传送给源单元，同时将目标数据清零

    D. 目标数据内容传送给源单元，同时目标数据不变

62. 变址寄存器 V，Z 和普通数据寄存器一样，是进行（　　）位数据读写的数据寄存器。

    A. 8　　　　　　　　B. 10　　　　　　　C. 16　　　　　　　D. 32

63. 在 [LD＝K20 C0]－(Y0) 触点比较指令中，C0 当前值为（　　）时，Y 被驱动。

    A. 10　　　　　　　B. 20　　　　　　　C. 100　　　　　　D. 200

64. 程序设计的步骤为：了解控制系统的要求、编写 I/O 及内部地址分配表、设计梯形图和（　　）。

    A. 程序输入　　　　B. 系统调试　　　　C. 编写程序清单　　D. 程序修改

65. 在机房内通过（　　）设备对 PLC 进行编程和参数修改。

    A. 个人计算机

B. 单片机开发系统

C. 手持编程器或带有编程软件的个人计算机

D. 无法修改和编程

66. PLC 在模拟运行调试中可用计算机进行（　　），若发现问题，可在计算机上立即修改程序。

    A. 输入　　　　　　　　B. 输出　　　　　　　　C. 编程　　　　　　　　D. 监控

67. PLC 机型选择的基本原则是在满足（　　）要求的前提下，保证系统可靠、安全、经济、使用维护方便。

    A. 硬件设计　　　　　　B. 软件设计　　　　　　C. 控制功能　　　　　　D. 输出设备

68. 选择 PLC 产品要注意的电气特征是（　　）。

    A. CPU 执行速度和输入/输出模块形式

    B. 编程方法和输入/输出模块形式

    C. 容量、速度、输入/输出模块形式、编程方法

    D. PLC 的体积、耗电、处理器和容量

69. 在 PLC 自控系统中，对于温度控制，可用（　　）扩展模块。

    A. FX2N - 4AD　　　　　　　　　　B. FX2N - 4DA

    C. FX2N - 4AD - TC　　　　　　　　D. FXON - 3A

70. FX2N 可编程控制器面板上的"PROG. E"指示灯闪烁表示（　　）。

    A. 设备正常运行状态电源指示　　　　B. 忘记设置定时器或计数器常数

    C. 梯形图电路有双线圈　　　　　　　D. 在通电状态进行存储卡盒的装卸

71. FX2N 可编程控制器面板上"RUN"指示灯点亮，表示（　　）。

    A. 正常运行　　　　　　　　　　　　B. 程序写入

    C. 工作电源电压低下　　　　　　　　D. 工作电源电压偏高

72. FX2N 可编程控制器面板上"BATT. V"指示灯点亮，原因是（　　）。

    A. 工作电源电压正常　　　　　　　　B. 后备电池电压低下

    C. 工作电源电压低下　　　　　　　　D. 工作电源电压偏高

73. 可编程控制器的接地（　　）。

A. 可以和其他设备公共接地　　　　　　B. 采用单独接地

C. 可以和其他设备串联接地　　　　　　D. 不需要

74. PLC 的交流输出线与直流输出线（　　　）同一根电缆，输出线应尽量远离高压线和动力线，避免并行。

A. 不能用　　　　　B. 可以用　　　　　C. 应该用　　　　　D. 必须用

75. PLC 的日常维护工作的内容为（　　　）。

A. 定期修改程序　　　　　　　　　　B. 日常清洁与巡查

C. 更换输出继电器　　　　　　　　　D. 刷新参数

76. FX2N 可编程控制器中的锂电池为（　　　）的。

A. 碱性　　　　　B. 通用　　　　　C. 酸性　　　　　D. 专用

三、多项选择题（选择正确的答案，将相应的字母填入题内的括号中）

1. 可编程控制器是一种（　　　）工业现场用计算机。

A. 机电一体化　　　　　B. 可编程的存储器　　　　　C. 生产控制过程

D. 传统机械设备　　　　　E. 数字运算

2. PLC 的主要特点是（　　　）。

A. 可靠性高　　　　　B. 编程方便　　　　　C. 运算速度快

D. 环境要求低　　　　　E. 与其他装置连接方便

3. 可编程控制器的控制技术将向（　　　）发展。

A. 机电一体化　　　　　B. 电气控制　　　　　C. 多功能网络化

D. 大型化　　　　　E. 液压控制

4. 可编程控制器是一台（　　　）的工业现场用计算。

A. 抗干扰能力强　　　　　B. 工作可靠　　　　　C. 生产控制过程

D. 通用性强　　　　　E. 编程方便

5. 可编程控制器的输出继电器（　　　）。

A. 可直接驱动负载　　　　　B. 工作可靠

C. 只能用程序指令驱动　　　　　D. 用 Y 表示　　　　　E. 采用八进制

6. 可编程控制器的输入继电器（　　　）。

A. 可直接驱动负载　　　　　　　B. 接受外部用户输入信息

C. 不能用程序指令来驱动　　　　D. 用 X 表示　　　　　　　E. 采用八进制

7. 可编程控制器的硬件由（　　　）组成。

A. CPU　　　　　　　　　B. 存储器　　　　　　　C. 输入/输出接口

D. 电源　　　　　　　　　E. 编程器

8. 可编程控制器的型号中，（　　　）表示输出方式。

A. MR　　　　　　　　　B. MT　　　　　　　　C. TB

D. MS　　　　　　　　　E. ON

9. PLC 输入点有（　　　）类型。

A. NPN　　　　　　　　　B. PNP　　　　　　　　C. APN

D. NAN　　　　　　　　　E. PID

10. 三菱 FX 系列 PLC 支持（　　　）编程方式。

A. 梯形图　　　　　　　　B. 继电接线图　　　　　C. 步进流程图（SFC）

D. 指令表　　　　　　　　E. 汇编语言

11. PLC 的指令语句表达形式是由（　　　）组成。

A. 程序流程图　　　　　　B. 操作码　　　　　　　C. 参数

D. 梯形图　　　　　　　　E. 标识符

12. 在 PLC 的顺序控制程序中采用步进指令方式编程有（　　　）的优点。

A. 方法简单、规律性强　　　　　B. 提高编程工作效率、修改程序方便

C. 程序不能修改　　　　　　　　D. 功能性强、专用指令多

E. 程序不需进行逻辑组合

13. 功能指令用于（　　　）功能。

A. 数据传送　　　　　　　B. 数据运算　　　　　　C. 数据变换

D. 编写指令语句表　　　　E. 程序控制

14. 为了便于分析 PLC 的周期扫描原理，能流在梯形图中只能作（　　　）单方向流动。

A. 左向右　　　　　　　　B. 右向左　　　　　　　C. 先上后下

D. 随机　　　　　　　　　E. 先下后上

15. 可编程控制器的输入端可与机械系统上的（　　）等直接连接。

  A. 触点开关   B. 接近开关   C. 用户程序

  D. 按钮触点   E. 传感器

16. 通过编制（　　），可将 PLC 内部的逻辑关系按照控制工艺进行组合，以达到一定的逻辑功能。

  A. 梯形图   B. 接近开关   C. 用户程序

  D. 指令语句表   E. 系统程序

17. PLC 在循环扫描工作中每一扫描周期的工作阶段是（　　）。

  A. 输入采样阶段   B. 程序监控阶段   C. 程序执行阶段

  D. 输出刷新阶段   E. 自诊断阶段

18. 指令执行所需的时间与（　　）有很大关系。

  A. 用户程序的长短   B. 程序监控   C. 指令的种类

  D. CPU 执行速度   E. 自诊断

19. PLC 输出类型有（　　）等输出形式。

  A. 继电器输出   B. 双向晶闸管输出   C. 晶体管输出

  D. 二极管输出   E. 光电耦合器输出

20. PLC 的双向晶闸管输出适用于（　　）的工作场合。

  A. 高速通断   B. 快速响应   C. 交流负载

  D. 电流大   E. 使用寿命长

21. PLC 的晶体管适用于要求（　　）的工作场合。

  A. 高速通断   B. 快速响应   C. 直流负载

  D. 使用寿命长   E. 电流大

22. 可编程控制器的主要技术性能包括（　　）。

  A. 机器型号   B. 应用程序的存储容量 C. 输入/输出点数

  D. 扫描周期   E. 接线方式

23. PLC 的内部辅助继电器有（　　）等特点。

  A. 可重复使用   B. 无触点   C. 能驱动灯

D. 寿命长　　　　　　　　E. 数量多

24. FX 系列 PLC 输入继电器可（　　）驱动。

　　A. 磁场直接　　　　　　B. 外部开关　　　　　　C. 外部按钮

　　D. 接近开关　　　　　　E. 模拟量

25. FX 系列 PLC 输入继电器可驱动（　　）。

　　A. 灯泡　　　　　　　　B. 电磁铁线圈　　　　　C. 继电器线圈

　　D. 电容　　　　　　　　E. 开关触点

26. 定时器可采用（　　）的内容作指定值。

　　A. 常数 K　　　　　　　B. 变址寄存器 Z　　　　C. 变址寄存器 V

　　D. KM　　　　　　　　E. 寄存器 D

27. 各状态元件的触点在内部编程时可（　　）。

　　A. 驱动电磁铁线圈　　　B. 自由使用　　　　　　C. 使用次数不限

　　D. 驱动灯泡　　　　　　E. 驱动继电器线圈

28. 对机内（　　）元件的信号进行计数，称为内部计数器。

　　A. X　　　　　　　　　B. Y　　　　　　　　　C. M

　　D. S　　　　　　　　　E. T

29. 数据寄存器是用于存储数据的软元件，它有（　　）。

　　A. X　　　　　　　　　B. D　　　　　　　　　C. V

　　D. S　　　　　　　　　E. Z　　　　　　　　　F. C

30. PLC 的特殊继电器有（　　）等。

　　A. M8000　　　　　　　B. M8002　　　　　　　C. M8013

　　D. M200　　　　　　　E. M800

31. FX 系列 PLC 的数据类软元件的基本结构为 16 位存储单元，机内（　　）称字元件。

　　A. X　　　　　　　　　B. M　　　　　　　　　C. V

　　D. Z　　　　　　　　　E. D

32. 可编程控制器梯形图的基本结构组成是（　　）。

A. 左右母线　　　　　　B. 编程触点　　　　　　C. 连接线

D. 线圈　　　　　　　　E. 动力源

33. PLC 采用循环扫描方式工作，因此程序执行时间和（　　　）有关。

A. CPU 速度　　　　　　B. 编程方法　　　　　　C. 输出方式

D. 负载性质　　　　　　E. 程序长短

34. 能直接编程的梯形图必须符合（　　　）顺序执行。

A. 从上到下　　　　　　B. 从下到上　　　　　　C. 从左到右

D. 从内到外　　　　　　E. 从右到左

35. 在梯形图中，软继电器常开触点可与（　　　）串联。

A. 常开触点　　　　　　B. 线圈　　　　　　　　C. 并联电路块

D. 常闭触点　　　　　　E. 串联电路块

36. 在梯形图中，软继电器常开触点可与（　　　）并联。

A. 常开触点　　　　　　B. 线圈　　　　　　　　C. 并联电路块

D. 常闭触点　　　　　　E. 串联电路块

37. 在 PLC 梯形图编程中，常用到触点块连接指令（　　　）。

A. MPS，MR，MPP　　　B. OR　　　　　　　　　C. ORB

D. ANB　　　　　　　　E. MC，MCR

38. 在 PLC 梯形图编程中，将触点画在（　　　）是不正常的。

A. 垂直线上　　　　　　B. 水平线上　　　　　　C. 串在输出继电器后面

D. 连到右母线上　　　　E. 连到左母线上

39. 在 FX 系列可编程控制器的指令中，（　　　）等是基本指令。

A. MC，MCR　　　　　　B. ANB　　　　　　　　C. ORB

D. OUT，LDI　　　　　　E. MOV

40. FX 系列可编程控制器的指令由（　　　）组成。

A. 系统指令　　　　　　B. 步进指令　　　　　　C. 功能指令

D. 汇编指令　　　　　　E. 基本指令

41. 在 FX 系列中，栈操作指令由（　　　）组成。

A. MCR   B. MPS   C. MC

D. MRD   E. MPP

42. 在 FX 系列中，（   ）指令不是主控触点指令。

A. MCR   B. MPS   C. MC

D. RST   E. SET

43. 在 FX 系列中，（   ）指令不是基本指令。

A. MC，MCR   B. RET   C. MOV

D. STL   E. SET

44. PLC 中步进接点指令的功能，（   ）不是 STL 的功能。

A. S 线圈被激活   B. S 的触点与母线连接

C. 将步进触点返回主母线   D. S 的常开触点与主母线连接

E. S 的常开触点与副母线连接

45. 状态转移图的组成部分是（   ）。

A. 初始步   B. 中间工作步   C. 终止工作步

D. 有向连线   E. 转换和转换条件

46. 驱动负载，即本状态做什么，（   ）是可驱动的。

A. Y   B. T   C. M

D. X   E. C

47. 在 FX 系列中，状态转移图有（   ）分支。

A. 跳转   B. 循环   C. 选择性

D. 汇编   E. 并行性

48. 在选择性分支中，（   ）不是转移到各分支的必需条件。

A. 只有一对分支相同   B. 各分支之间互相排斥

C. 有部分分支相同   D. 只有一对分支互相排斥

E. S 元件的常开触点

49. 连续写 STL 指令表示并行汇合，STL 指令连续使用（   ）次是不可以的。

A. 8   B. 4   C. 11

D. 无限　　　　　　　　　　E. 7

50. STL 指令对 （　　　） 元件无效。

A. T　　　　　　　　　B. C　　　　　　　　　C. M

D. S　　　　　　　　　E. D

51. 在 STL 指令后，（　　　） 双线圈是不允许的。

A. 不同时激活　　　　　B. 同时激活　　　　　C. 无须激活

D. 随机激活　　　　　　E. 定时器

52. 在 STL 指令和 RET 指令之间可以使用 （　　　） 等指令。

A. SET　　　　　　　　B. OUT　　　　　　　　C. RST

D. END　　　　　　　　E. LD

53. FX 系列指令有基本指令、功能指令和步进指令，（　　　） 不是步进指令。

A. ADD　　　　　　　　B. STL　　　　　　　　C. LD

D. AND　　　　　　　　E. RET

54. 在 FX 系列 PLC 中下列指令正确的为 （　　　）。

A. ZRST S20 M30　　　B. ZRST T0 Y20　　　C. ZRST S20 S30

D. ZRST Y0 Y27　　　　E. ZRST M0 M100

55. FX 系列 PLC 的功能指令所使用的为 （　　　） 数据类软元件。

A. KnY0　　　　　　　B. KnX0　　　　　　　C. D

D. V　　　　　　　　　E. RST

56. 功能指令可分为 16 位指令和 32 位指令，其中 32 位指令用 （　　　） 表示。

A. DCMP　　　　　　　B. DMOV　　　　　　　C. DADD

D. DSUB　　　　　　　E. DZRST

57. 功能指令的使用要素有 （　　　）。

A. 编号　　　　　　　　B. 助记符　　　　　　　C. 数据长度

D. 执行方式　　　　　　E. 操作数

58. FX2N 的功能指令种类多、数量大、使用频繁，（　　　） 为数据处理指令。

A. CJ　　　　　　　　　B. CALL　　　　　　　C. CMP

D. ADD   E. ROR

59. FX2N 可编程控制器中的功能指令有（　　）等 100 种应用指令。

     A. 传送比较   B. 四则运算   C. 主控

     D. 移位   E. 栈操作

60. 比较指令 CMP 的目标操作元件可以是（　　）。

     A. T   B. M   C. X

     D. Y   E. S

61. 传送指令 MOV 的目标操作元件可以是（　　）。

     A. 定时器   B. 计数器   C. 输入继电器

     D. 输出继电器   E. 数据寄存器

62. 可以进行变址的软元件有（　　）等。

     A. X   B. Y   C. M

     D. S   E. H

63. 在 FX 系列 PLC 中，触点比较指令有（　　）。

     A. LD=   B. LD<>   C. OR>

     D. AND<   E. AND=

64. 程序设计应包括（　　）等步骤。

     A. 了解控制系统的要求   B. 写 I/O 及内部地址分配表系统调试

     C. 编写程序清单   D. 编写元件申购清单   E. 设计梯形图

65. 用计算机编程时的操作步骤包括（　　）。

     A. 安装编程软件   B. 清除原有的程序   C. 程序输入

     D. 程序检查   E. 程序测试

66. PLC 模拟调试中，当编程软件设置监控时，梯形图中可以监控（　　）工作状态。

     A. X   B. Y   C. T

     D. C   E. M

67. 选择可编程控制器的原则是（　　）。

     A. 控制功能   B. 系统可靠   C. 安全经济

D. 使用维护方便　　　　　　E. I/O 点数

68. 选购 PLC 时应考虑（　　）因素。

A. 是否有特殊控制功能的要求　　　　B. I/O 点数总需要量的选择

C. 扫描速度　　　　　　　　　　　　D. 程序存储器容量及存储器类型的选择

E. 系统程序大小

69. PLC 扩展单元有（　　）和 A/D，D/A 转换等模块。

A. 输出　　　　　　　　B. 输入　　　　　　　　C. 高速计数

D. 转矩转电压　　　　　E. 转速转频率

70. FX2N 可编程控制器面板上的"PROG. E"指示灯闪烁表示（　　）。

A. 编程语法错

B. 卡盒尚未初始化

C. 首先执行存储程序，然后执行卡盒中的程序

D. 写入时卡盒上的保护开关为 OFF

E. 卡盒没装 EEPROM

71. 控制器面板上 RUN 开关不可采用（　　）方式。

A. 遥控器　　　　　　　B. 程序驱动　　　　　　C. 编程软件操作

D. 自动控制　　　　　　E. 手动

72. FX2N 可编程控制器面板上"BATT. V"指示灯点亮，应采取（　　）措施。

A. 更换后备电池　　　　B. 检查工作电源电压　　C. 检查程序

D. 仍可继续工作　　　　E. 检查后备电池电压

73. 可编程控制器的接地必须注意（　　）。

A. 可以和其他设备公共接地　　　　　B. 采用单独接地

C. 可以和其他设备串联接地　　　　　D. 不需要接地

E. 必须与动力设备的接地点分开

74. 可编程控制器的布线应注意（　　）。

A. PLC 的交、直流输出线不能同用一根电缆

B. 输出线应尽量远离高压线和动力线

C. 输入采用双绞线

D. 接地点必须与动力设备的接地点分开

E. 单独接地

75. 对 PLC 的日常检查与维修，应该包括（   ），以保证其工作环境的整洁和卫生。

A. 用干抹布和皮老虎清灰　　　B. 日常清洁与巡查　　　　　　C. 用干抹布和机油

D. 用干抹布和清水　　　　　　E. 检查接口有否松动

76. PLC 锂电池具有（   ）优点，它用作掉电保护电路供电的后备电源。

A. 体积小　　　　　　　　　　B. 质量轻　　　　　　　　　　C. 不漏液

D. 可重复充电　　　　　　　　E. 使用寿命长

第4部分

操作技能复习题

继电控制电路测绘与故障排除

一、X62W 铣床电气控制线路测绘、故障检查及排除（试题代码①：1.1.1；考核时间：60 min）

1. 试题单

（1）操作条件

1）X62W 铣床电气控制鉴定装置一台，专用连接导线若干。

2）电工常用工具、万用表一套。

（2）操作内容

根据给定的 X62W 铣床电气控制鉴定装置进行如下操作：

1）对设置有断线故障的部分电路进行测绘，并在附图上画全电路原理图，标出断线处。

2）描述设有器件故障的鉴定装置的故障现象，分析故障原因。

3）利用工具找出实际故障点，排除故障，恢复设备的正常功能，并向考评员演示或由鉴定装置评定。

4）分析测绘部分所在的单元电路工作原理。

（3）操作要求

---

① 试题代码表示该试题在鉴定方案考核项目表中的所属位置。左起第一位表示项目号，第二位表示单元号，第三位表示在该项目、单元下的第几个试题。

1）根据给定的设备、仪器和仪表，在规定时间内完成电路测绘、故障检查及排除工作。

2）将完成测绘的附图交卷后，才可根据电气原理图进行故障检查、分析、排除操作。

3）安全生产，文明操作。未经允许擅自通电，造成设备损坏者，该项目零分。

2. 答题卷

在下列各项中抽取 1 项，并在鉴定装置中相应部分设置 1 个断线故障后，由考生完成测绘及原理分析：

● 测绘附图一虚线框内部分的电路图，并分析主轴电动机主电路的工作原理。

● 测绘附图二虚线框内部分的电路图，并分析进给电动机主电路的工作原理。

● 测绘附图三虚线框内部分的电路图，并分析主轴电动机控制电路的工作原理。

● 测绘附图四虚线框内部分的电路图，并分析进给电动机控制电路的工作原理。

（1）工作原理分析：_____

_____

_____

_____

_____

_____

_____

（2）对鉴定装置中所设置的器件故障进行检查、分析，并找出故障点。

故障现象：_____

_____

分析出现故障可能的原因：_____

_____

写出实际故障点：_____

_____

（3）测绘电路图

测绘附图一虚线框内部分的电路图，并在其中标出断线故障所在位置。

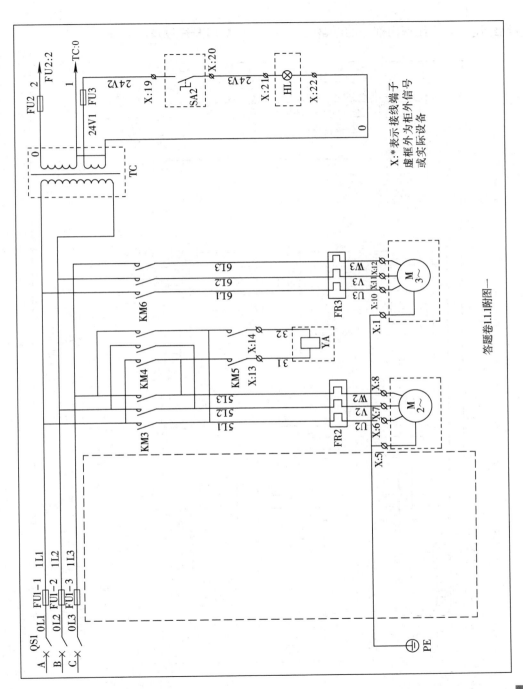

答题卷1.1附图一

测绘附图二虚线框内部分的电路图，并在其中标出断线故障所在位置。

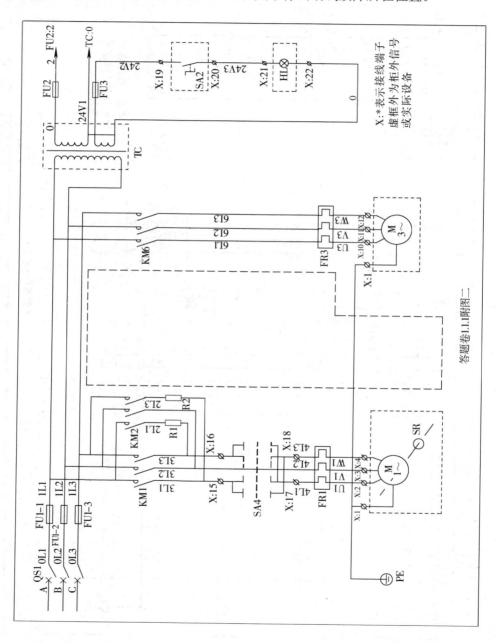

测绘附图三虚线框内部分的电路图，并在其中标出断线故障所在位置。

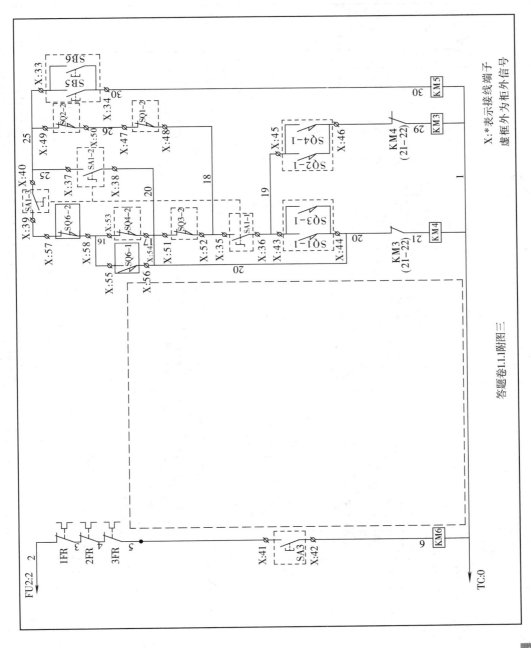

测绘附图四虚线框内部分的电路图，并在其中标出断线故障所在位置。

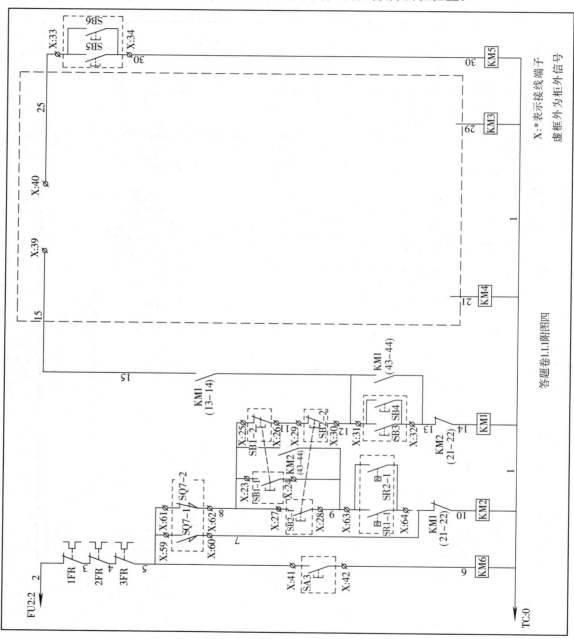

答题卷1.1.1附图四

X:*表示接线端子
虚框外为柜外信号

3. 评分表

试题代码及名称			1.1.1　X62W 铣床电气控制线路测绘、故障检查及排除	考核时间				60 min
评价要素	配分	等级	评分细则	评定等级				得分
				A	B	C	D	E	
否决项			未经允许擅自通电，造成设备损坏者，该项目记为零分					
1　根据设定故障，写出故障现象	3	A	通电检查，故障现象判别完全正确					
		B	通电检查，故障现象判别基本正确					
		C	通电检查，能判别故障现象，但表述不够确切					
		D	未进行通电检查判别，或通电检查但不会判别故障现象					
		E	未答题					
2　根据故障现象，对故障原因作简要分析	5	A	故障原因分析完全正确					
		B	故障原因分析基本正确，但不完整					
		C	故障原因只能分析个别要点，遗漏较多					
		D	故障原因分析错误					
		E	未答题					
3　对指定部分测绘电路图	6	A	线路测绘完全正确，图形符号和文字符号使用正确，线号标注完整，图形整洁，断线位置标注正确					
		B	线路测绘正确，图形符号、文字符号、线号标注有 1～2 处错误，断线位置标注正确					
		C	线路测绘有 1～2 处错误；或图形符号、文字符号、线号标注有 3～4 处错误；或断线位置标注错误或未标注					
		D	线路测绘有 3 处及以上错误；或图形符号、文字符号、线号标注错 4 处及以上					
		E	未答题					

续表

试题代码及名称			1.1.1　X62W铣床电气控制线路测绘、故障检查及排除		考核时间			60 min	
评价要素		配分	等级	评分细则	评定等级				得分
					A	B	C	D	E

序号	评价要素	配分	等级	评分细则	A	B	C	D	E	得分
4	写出实际具体故障点，排除故障	5	A	2个故障排除完全正确						
			B	排除故障失败1次，最终2个故障排除						
			C	能排除1个故障；或排除故障失败2次，最终2个故障排除						
			D	2个故障均不能排除						
			E	未答题						
5	分析原理	4	A	对指定部分的工作原理分析完全正确						
			B	原理分析基本正确，但不够完整						
			C	原理分析过于简单，但要点能正确指出						
			D	原理分析错误、不能指出要点，或不会分析						
			E	未答题						
6	安全生产，无事故发生	2	A	安全文明生产，操作规范						
			B	安全文明生产，操作规范，但未穿电工鞋						
			C	能遵守安全操作规程，但未达到文明生产要求						
			D	在操作过程中因误操作而烧断熔断器，或未经允许擅自通电，尚未造成设备损坏						
			E	不能文明生产，不符合操作规程，或未经允许擅自通电或带电接、拆线，造成设备损坏或缺考						
合计配分		25		合计得分						

注：阴影处为否决项。

等级	A（优）	B（良）	C（及格）	D（较差）	E（差或缺考）
比值	1.0	0.8	0.6	0.2	0

"评价要素"得分＝配分×等级比值。

二、T68 镗床电气控制线路测绘、故障检查及排除（试题代码：1.2.1；考核时间：60 min）

1. 试题单

（1）操作条件

1）T68 镗床电气控制鉴定装置一台，专用连接导线若干。

2）电工常用工具、万用表一套。

（2）操作内容

根据给定的 T68 镗床电气控制鉴定装置进行如下操作：

1）对设置有断线故障的部分电路进行测绘，并在附图上画全电路原理图，并标出断线处。

2）描述设有故障的鉴定装置的故障现象，分析故障原因。

3）利用工具找出实际故障点，排除故障，恢复设备的正常功能，并向考评员演示或由鉴定装置评定。

4）分析测绘部分所在的单元电路工作原理。

（3）操作要求

1）根据给定的设备、仪器和仪表，在规定时间内完成电路测绘、故障检查及排除工作。

2）将完成测绘的附图交卷后，才可根据电气原理图进行故障检查、分析、排除操作。

3）安全生产，文明操作。未经允许擅自通电，造成设备损坏者，该项目零分。

2. 答题卷

在下列各项中抽取 1 项，并在鉴定装置中相应部分设置 1 个断线故障后，由考生完成测绘及原理分析：

● 测绘附图一虚线框内部分的电路图，并分析主轴电动机主电路的工作原理。

● 测绘附图二虚线框内部分的电路图，并分析主轴电动机控制电路的工作原理。

● 测绘附图三虚线框内部分的电路图，并分析主轴电动机控制电路的工作原理。

（1）工作原理分析：_____

_____

_____

_____

_____

_____

（2）对鉴定装置中所设置的器件故障进行检查、分析，并找出故障点。

故障现象：_____

_____

分析出现故障可能的原因：_____

_____

_____

写出实际故障点：_____

_____

（3）测绘电路图

测绘附图一虚线框内部分的电路图，并在其中标出断线故障所在位置。

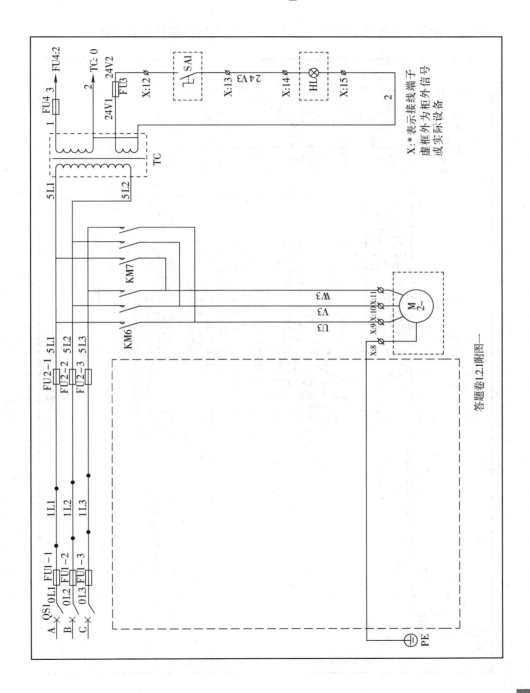

答题卷1.2.1附图一

测绘附图二虚线框内部分的电路图，并在其中标出断线故障所在位置。

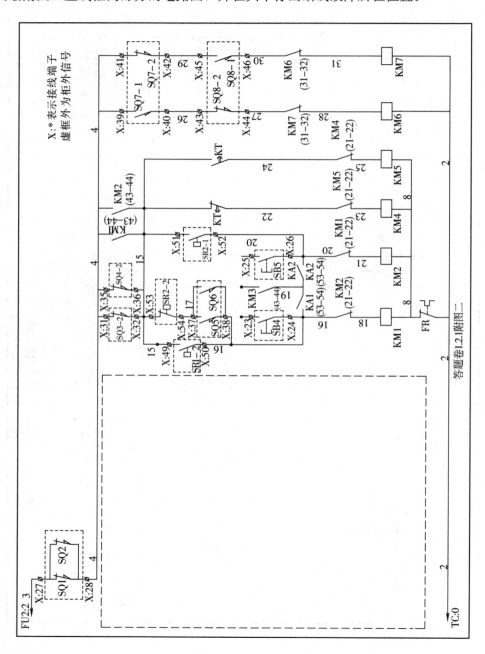

测绘附图三虚线框内部分的电路图，并在其中标出断线故障所在位置。

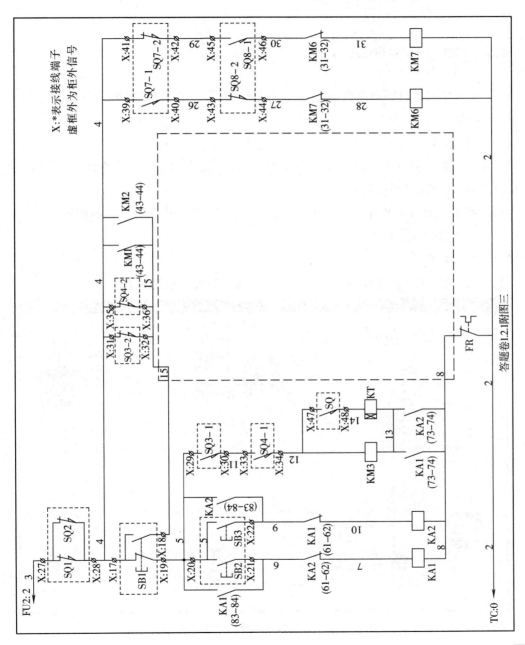

答题卷1.2.1附图三

3. 评分表

同上题。

可编程控制系统装调

一、用 PLC 实现运料小车自动控制（试题代码：2.1.1；考核时间：60 min）

1. 试题单

（1）操作条件

1）鉴定装置一台（需配置 FX2N - 48MR 或以上规格的 PLC、主令电器、指示灯、传感器或传感器信号模拟发生器等）。

2）计算机一台（需装有鉴定软件和三菱 SWOPC - FXGP/WIN - C 编程软件）。

3）鉴定装置专用连接电线若干根。

（2）操作内容

如仿真动画所示，根据控制要求和输入输出端口配置表来编制 PLC 控制程序。

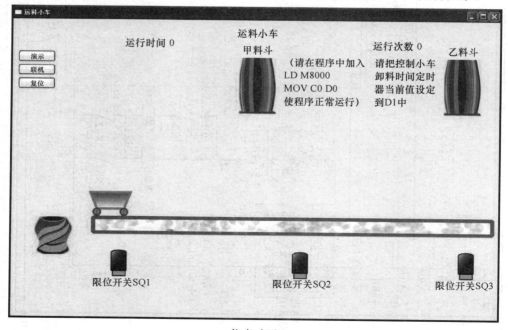

仿真动画

控制要求：

按启动按钮 SB1，小车从 SQ1 开关处启动，向前运行直到碰 SQ2 开关停；甲料斗装料时间 5 s，然后小车继续向前运行直到碰 SQ3 开关停；此时乙料斗装料 3 s，随后小车返回直到碰 SQ1 开关停止；小车卸料 n s，卸料时间结束后，完成一次循环。（$n = 1 \sim 5$ s，可以0.1 s 为单位，由 8 个时间选择按钮以 2 位 BCD 码设定）

按了启动按钮 SB1 后，小车连续作 3 次循环后自动停止，中途按停止按钮 SB2 则小车完成本次循环后停止。

输入输出端口配置表（5 个方案考评员抽选其一）：

输入输出设备	输入输出端口编号					接鉴定装置对应端口
	A	B	C	D	E	
启动按钮 SB1	X00	X01	X02	X13	X14	普通按钮
停止按钮 SB2	X02	X04	X06	X11	X13	普通按钮
开关 SQ1	X01	X03	X05	X17	X12	计算机和 PLC 自动连接
开关 SQ2	X03	X06	X00	X14	X16	计算机和 PLC 自动连接
开关 SQ3	X04	X05	X01	X10	X17	计算机和 PLC 自动连接
卸料时间选择开关	X10～X17			X0～X7		自锁按钮
向前接触器 KM1	Y00	Y02	Y04	Y06	Y01	计算机和 PLC 自动连接
甲卸料接触器 KM2	Y02	Y04	Y06	Y01	Y03	计算机和 PLC 自动连接
乙卸料接触器 KM3	Y01	Y03	Y05	Y07	Y02	计算机和 PLC 自动连接
向后接触器 KM4	Y03	Y05	Y07	Y02	Y04	计算机和 PLC 自动连接
车卸料接触器 KM5	Y04	Y06	Y01	Y03	Y05	计算机和 PLC 自动连接

1）根据控制要求画出控制流程图。

2）写出梯形图程序或语句表程序（考生自选其一）。

3）使用计算机软件进行程序输入。

4）下载程序并进行调试。

（3）操作要求

1）画出正确的控制流程图。

2）写出梯形图程序或语句表程序（考生自选其一）。

3）会使用计算机软件进行程序输入。

4）在鉴定装置上接线，用计算机软件模拟仿真进行调试。根据考评员的时间要求，设置时间选择按钮，向考评员演示。

5）未经允许擅自接通 PLC 外部线路电源，造成设备损坏者，该项目零分。

2. 答题卷

输入输出分配表方案_____。

工作台连续作_____次循环后自动停止。

（1）按工艺要求画出控制流程图。

（2）写出梯形图程序或语句表程序。

3. 评分表

试题代码及名称			2.1.1　用 PLC 实现运料小车自动控制		考核时间				60 min	
评价要素	配分	等级	评分细则	评定等级					得分	
				A	B	C	D	E		
否决项			未经允许擅自通电，造成设备损坏者，该项目记为零分							
1　接线	3	A	接线正确，安装规范							
		B	接线安装错 1 次，能独立纠正；或接线虽正确，但不规范，在一个接线柱上接头超过 2 个							
		C	接线及安装错 2 次，能独立纠正							
		D	接线及安装错 3 次及以上，能独立纠正							
		E	未答题							
2　流程图设计	4	A	流程图设计正确							
		B	流程图设计错 1 点							
		C	流程图设计错 2 点							
		D	流程图设计错 3 点及以上							
		E	未答题							

续表

试题代码及名称				2.1.1　用PLC实现运料小车自动控制	考核时间				60 min
评价要素		配分	等级	评分细则	评定等级				得分
					A	B	C	D	E	

	评价要素	配分	等级	评分细则	A	B	C	D	E	得分
3	梯形图或语句表编写	3	A	梯形图或语句表编写完全正确						
			B	梯形图或语句表编写错1点						
			C	梯形图或语句表编写错2点						
			D	梯形图或语句表编写错3点及以上						
			E	未答题						
4	计算机软件输入程序并进行模拟调试	13	A	程序输入步骤正确，调试步骤正确，达到控制要求						
			B	会程序输入，调试运行失败1次，自行修改后结果能达到控制要求						
			C	会程序输入，调试运行失败2次，自行修改后结果能达到控制要求						
			D	不会程序输入，或调试运行失败						
			E	未答题						
5	安全生产，无事故发生	2	A	安全文明生产，符合操作规程						
			B	安全文明生产，操作规范，但未穿电工鞋						
			C	—						
			D	未经允许擅自通电，但未造成设备损坏						
			E	未答题						
合计配分		25		合计得分						

注：阴影处为否决项。

等级	A（优）	B（良）	C（及格）	D（较差）	E（差或缺考）
比值	1.0	0.8	0.6	0.2	0

"评价要素"得分＝配分×等级比值。

二、用 PLC 实现机械滑台自动控制系统（试题代码：2.1.2；考核时间：60 min）

1. 试题单

（1）操作条件

1）鉴定装置一台（需配置 FX2N - 48MR 或以上规格的 PLC、主令电器、指示灯、传感器或传感器信号模拟发生器等）。

2）计算机一台（需装有鉴定软件和三菱 SWOPC - FXGP/WIN - C 编程软件）。

3）鉴定装置专用连接电线若干根。

（2）操作内容

如仿真动画所示，根据控制要求和输入输出端口配置表来编制 PLC 控制程序。

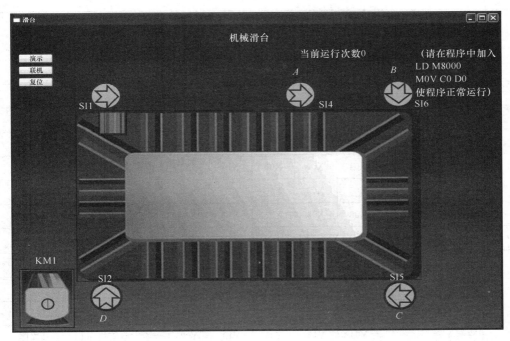

仿真动画

控制要求：

当工作台在原始位置时，按下启动按钮 SB1，电磁阀 YV1 得电，工作台快进，同时由接触器 KM1 驱动的动力头电动机 M 启动；当工作台快进到达 A 点时，YV1、YV2 得电，工作台由快进切换成工进，进行切削加工；当工作台工进到达 *B* 点时，工进结束，YV1、YV2 失电，同时工作台停留 3 s，当时间到，YV3 得电，工作台作横向退刀，同时主轴电动机 M 停转；当工作台到达 *C* 点时，YV3 失电，横退结束，YV4 得电，工作台作纵向退刀；工作台退到 *D* 点时，YV4 失电，纵向退刀结束，YV5 得电，工作台横向进给直到原点，压合开关 SI1 为止，此时 YV5 失电完成一次循环。

按了启动按钮 SB1 以后，小车连续作 *n* 次循环后自动停止（*n*＝1～9，可由循环次数选择按钮 SB9～SB12 以 BCD 码设定）。中途按停止按钮 SB2，机械滑台立即停止运行，并按原路径返回，直到压合开关 SI1 才能停止。当再按启动按钮 SB1，机械滑台重新计数运行。

输入输出端口配置表（5 个方案考评员抽选其一）：

输入输出设备	输入输出端口编号					接鉴定装置对应端口
	A	B	C	D	E	
启动按钮 SB1	X00	X02	X01	X15	X10	普通按钮
停止按钮 SB2	X01	X04	X03	X17	X11	普通按钮
原点行程开关 SI1	X02	X00	X05	X11	X13	计算机和 PLC 自动连接
A 点行程开关 SI4	X03	X07	X02	X13	X16	计算机和 PLC 自动连接
B 点行程开关 SI6	X04	X01	X06	X16	X15	计算机和 PLC 自动连接
C 点行程开关 SI5	X05	X03	X00	X10	X14	计算机和 PLC 自动连接
D 点行程开关 SI2	X06	X05	X07	X12	X17	计算机和 PLC 自动连接
循环次数选择按钮	X10～X13			X0～X3		自锁按钮
电磁阀 YV1	Y01	Y15	Y04	Y13	Y06	计算机和 PLC 自动连接
电磁阀 YV2	Y02	Y14	Y00	Y16	Y04	计算机和 PLC 自动连接
电磁阀 YV3	Y03	Y13	Y02	Y17	Y05	计算机和 PLC 自动连接
电磁阀 YV4	Y04	Y12	Y05	Y10	Y02	计算机和 PLC 自动连接
电磁阀 YV5	Y05	Y11	Y07	Y11	Y01	计算机和 PLC 自动连接

1）根据控制要求画出控制流程图。

2）写出梯形图程序或语句表程序（考生自选其一）。

3）使用计算机软件进行程序输入。

4）下载程序并进行调试。

（3）操作要求

1）画出正确的控制流程图。

2）写出梯形图程序或语句表程序（考生自选其一）。

3）会使用计算机软件进行程序输入。

4）在鉴定装置上接线，用计算机软件模拟仿真进行调试。根据考评员要求或鉴定装置自动生成的次数要求，设置循环次数选择按钮，向考评员演示。

5）未经允许擅自通电，造成设备损坏者，该项目零分。

2. 答题卷

输入输出分配表方案_____。

工作台连续作_____次循环后自动停止。

（1）按工艺要求画出控制流程图。

（2）写出梯形图程序或语句表程序。

3. 评分表

同上题。

三、用 PLC 实现机械手自动控制系统（试题代码：2.1.3；考核时间：60 min）

1. 试题单

（1）操作条件

1）鉴定装置一台（需配置 FX2N－48MR 或以上规格的 PLC、主令电器、指示灯、传感器或传感器信号模拟发生器等）。

2）计算机一台（需装有鉴定软件和三菱 SWOPC－FXGP/WIN－C 编程软件）。

3）鉴定装置专用连接电线若干根。

（2）操作内容

如仿真动画所示，根据控制要求和输入输出端口配置表来编制 PLC 控制程序。

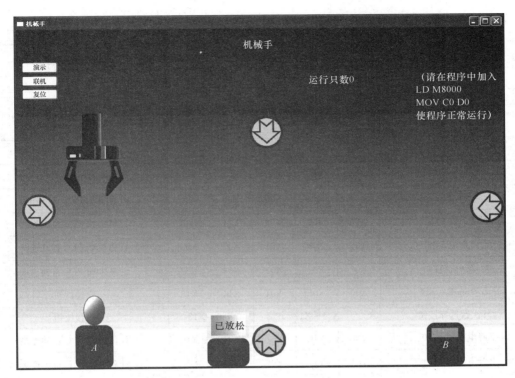

仿真动画

控制要求：

定义原点为左上方所达到的极限位置，其左限位开关闭合，上限位开关闭合，机械手处于放松状态。

搬运过程是机械手把工件从 A 处搬到 B 处。

当工件处于 B 处上方准备下放时，为确保安全，用光电开关检测 B 处有无工件。只有在 B 处无工件时才能发出下放信号。

机械手工作过程：启动机械手下降到 A 处位置→夹紧工件→夹住工件上升到顶端→机械手横向移动到右端，进行光电检测→下降到 B 处位置→机械手放松，把工件放到 B 处→机械手上升到顶端→机械手横向移动返回到左端原点处。

按启动按钮 SB1 后，机械手连续作 n 次循环后自动停止（$n=1\sim9$，可由 4 个循环次数选择按钮以 BCD 码设定）。中途按停止按钮 SB2，机械手完成本次循环后停止。

输入输出端口配置表（5 个方案考评员抽选其一）：

输入输出设备	输入输出端口编号					接鉴定装置对应端口
	A	B	C	D	E	
启动按钮 SB1	X10	X11	X12	X00	X01	普通按钮
停止按钮 SB2	X11	X12	X13	X01	X02	普通按钮
下降到位 ST0	X02	X10	X10	X03	X07	计算机和 PLC 自动连接
夹紧到位 ST1	X03	X00	X11	X02	X06	计算机和 PLC 自动连接
上升到位 ST2	X04	X13	X00	X05	X05	计算机和 PLC 自动连接
右移到位 ST3	X05	X03	X02	X04	X14	计算机和 PLC 自动连接
放松到位 ST4	X06	X02	X01	X07	X03	计算机和 PLC 自动连接
左移到位 ST5	X07	X01	X03	X06	X02	计算机和 PLC 自动连接
光电检测开关 SB8	X00	X05	X04	X14	X15	自锁按钮
循环次数选择按钮	X14～X17			X10～X13		自锁按钮
下降电磁阀 KT0	Y00	Y10	Y07	Y04	Y16	计算机和 PLC 自动连接
上升电磁阀 KT1	Y01	Y11	Y06	Y03	Y14	计算机和 PLC 自动连接
右移电磁阀 KT2	Y02	Y12	Y05	Y02	Y12	计算机和 PLC 自动连接
左移电磁阀 KT3	Y03	Y13	Y04	Y01	Y10	计算机和 PLC 自动连接
夹紧电磁阀 KT4	Y04	Y14	Y03	Y00	Y11	计算机和 PLC 自动连接

1）根据控制要求画出控制流程图。

2）写出梯形图程序或语句表程序（考生自选其一）。

3）使用计算机软件进行程序输入。

4）下载程序并进行调试。

（3）操作要求

1）画出正确的控制流程图。

2）写出梯形图程序或语句表程序（考生自选其一）。

3）会使用计算机软件进行程序输入。

4）在鉴定装置上接线，用计算机软件模拟仿真进行调试。根据考评员要求或鉴定装置自动生成的次数要求，设置循环次数选择按钮，向考评员演示。

5）未经允许擅自通电，造成设备损坏者，该项目零分。

2. 答题卷

输入输出分配表方案_____。

工作台连续作_____次循环后自动停止。

（1）按工艺要求画出控制流程图。

（2）写出梯形图程序或语句表程序。

3. 评分表

同上题。

四、用 PLC 实现混料罐自动控制系统（试题代码：2.1.4；考核时间：60 min）

1. 试题单

（1）操作条件

1）鉴定装置一台（需配置 FX2N - 48MR 或以上规格的 PLC、主令电器、指示灯、传感器或传感器信号模拟发生器等）。

2）计算机一台（需装有鉴定软件和三菱 SWOPC - FXGP/WIN - C 编程软件）。

3）鉴定装置专用连接电线若干根。

（2）操作内容

如仿真动画所示，根据控制要求和输入输出端口配置表来编制 PLC 控制程序。

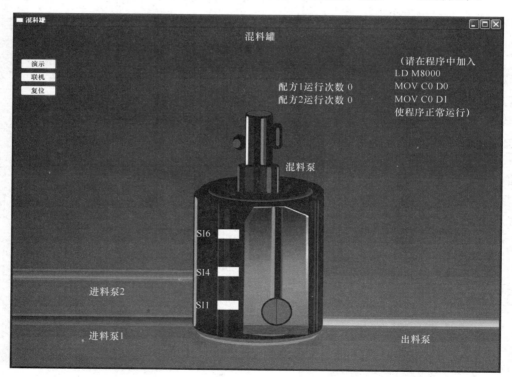

仿真动画

控制要求：

初始状态所有泵均关闭。按下启动按钮 SB1 后进料泵 1 启动，当液位到达 SI4 时根据不同配方的工艺要求进行控制：如果按配方 1 则关闭进料泵 1 且启动进料泵 2；如果按配方 2 则进料泵 1 和进料泵 2 均打开。当进料液位到达 SI6 时，将进料泵 1 和进料泵 2 全部关闭同时打开混料泵，混料泵持续运行 3 s 后又根据不同配方的工艺要求进行控制：如果按配方 1 则打开出料泵，等到液位下降到 SI4 时停止混料泵；如果按配方 2 则打开出料泵且立即停止混料泵，直到液位下降到 SI1 时关闭出料泵，完成一次循环。

按了启动按钮以后，混料罐首先按配方 1 连续循环，循环 n 次后，混料罐自动转为配方 2 仍作连续循环，再循环 n 次后停止。按停止按钮 SB2，混料罐完成本次循环停止。（$n=1\sim9$，可由 4 个循环次数选择按钮以 BCD 码设定）

输入输出端口配置表（5 个方案考评员抽选其一）：

输入输出设备	输入输出端口编号					接鉴定装置对应端口
	A	B	C	D	E	
高液位检测开关 SI6	X00	X04	X07	X10	X03	计算机和 PLC 自动连接
中液位检测开关 SI4	X01	X05	X00	X11	X04	计算机和 PLC 自动连接
低液位检测开关 SI1	X02	X06	X02	X12	X05	计算机和 PLC 自动连接
启动按钮 SB1	X03	X07	X04	X13	X06	普通按钮
停止按钮 SB2	X04	X03	X06	X00	X07	普通按钮
循环次数选择按钮	X10～X13			X14～X17		自锁按钮
进料泵 1	Y00	Y10	Y04	Y17	Y07	计算机和 PLC 自动连接
进料泵 2	Y01	Y11	Y05	Y15	Y05	计算机和 PLC 自动连接
混料泵	Y02	Y12	Y06	Y16	Y03	计算机和 PLC 自动连接
出料泵	Y03	Y13	Y07	Y14	Y01	计算机和 PLC 自动连接

1）根据控制要求画出控制流程图。

2）写出梯形图程序或语句表程序（考生自选其一）。

3）使用计算机软件进行程序输入。

4）下载程序并进行调试。

（3）操作要求

1）画出正确的控制流程图。

2）写出梯形图程序或语句表程序（考生自选其一）。

3）会使用计算机软件进行程序输入。

4）在鉴定装置上接线，用计算机软件模拟仿真进行调试。根据考评员要求或鉴定装置自动生成的次数要求，设置循环次数选择按钮，向考评员演示。

5）未经允许擅自通电，造成设备损坏者，该项目零分。

2. 答题卷

输入输出分配表方案_____。

工作台连续作_____次循环后自动停止。

（1）按工艺要求画出控制流程图。

（2）写出梯形图程序或语句表程序。

3. 评分表

同上题。

五、用 PLC 实现红绿灯自动控制系统 (试题代码：2.2.1；考核时间：60 min)

1. 试题单

（1）操作条件

1）鉴定装置一台（需配置 FX2N-48MR 或以上规格的 PLC、主令电器、指示灯、传感器或传感器信号模拟发生器等）。

2）计算机一台（需装有鉴定软件和三菱 SWOPC-FXGP/WIN-C 编程软件）。

3）鉴定装置专用连接电线若干根。

（2）操作内容

如仿真动画所示，根据控制要求和输入输出端口配置表来编制 PLC 控制程序。

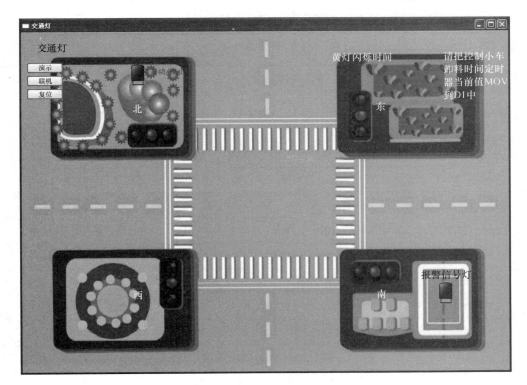

仿真动画

控制要求：

按下启动按钮后，南、北红灯亮并保持 15 s，同时东、西绿灯亮，但保持 10 s；10 s 后东、西绿灯闪烁 3 次（每周期 1 s）后熄灭，继而东、西黄灯亮，并保持 2 s；2 s 后东、西黄灯熄灭，东、西红灯亮，同时南、北红灯熄灭且南、北绿灯亮。

东、西红灯亮并保持 10 s，同时南、北绿灯亮，但保持 5 s；到 5 s 时南、北绿灯闪烁 3 次（每周期 1 s）后熄灭，继而南、北黄灯亮，并保持 2 s；2 s 后南、北黄灯熄灭，南、北红灯亮，同时东、西红灯熄灭且东、西绿灯亮。

上述过程作一次循环，按下启动按钮后就连续循环，按停止按钮红绿灯立即熄灭。

当强制按钮接通时，南、北黄灯和东、西黄灯同时亮，并不断闪烁，周期为 $2 \times n$ s（$n=1 \sim 5$ s，可以 0.1 s 为单位，由 8 个时间选择按钮以 2 位 BCD 码设定）；同时将控制台指示灯点亮并关闭信号灯控制系统。

强制闪烁的黄灯及控制台指示灯在下一次启动时熄灭。

输入输出端口配置表（5 个方案考评员抽选其一）：

输入输出设备	输入输出端口编号					接鉴定装置对应端口
	A	B	C	D	E	
启动按钮 S01	X00	X04	X02	X10	X11	普通按钮
停止按钮 S02	X01	X05	X04	X11	X12	普通按钮
强制按钮 S03	X03	X06	X07	X13	X14	自锁按钮
黄灯闪烁时间选择按钮	X10~X17			X0~X7		自锁按钮
南、北红灯	Y00	Y01	Y02	Y05	Y07	计算机和 PLC 自动连接
东、西绿灯	Y01	Y03	Y04	Y07	Y05	计算机和 PLC 自动连接
东、西黄灯	Y02	Y05	Y06	Y02	Y03	计算机和 PLC 自动连接
东、西红灯	Y03	Y02	Y01	Y06	Y06	计算机和 PLC 自动连接
南、北绿灯	Y04	Y04	Y03	Y04	Y04	计算机和 PLC 自动连接
南、北黄灯	Y05	Y06	Y05	Y01	Y02	计算机和 PLC 自动连接
控制台指示灯	Y06	Y07	Y00	Y00	Y01	计算机和 PLC 自动连接

1）根据控制要求画出控制流程图。

2）写出梯形图程序或语句表程序（考生自选其一）。

3）使用计算机软件进行程序输入。

4）下载程序并进行调试。

（3）操作要求

1）画出正确的控制流程图。

2）写出梯形图程序或语句表程序（考生自选其一）。

3）会使用计算机软件进行程序输入。

4）在鉴定装置上接线，用计算机软件模拟仿真进行调试。根据考评员要求或鉴定装置自动生成的时间要求，设置时间选择按钮，向考评员演示。

5）未经允许擅自通电，造成设备损坏者，该项目零分。

2. 答题卷

输入输出分配表方案＿＿＿＿＿＿＿＿＿。

黄灯闪烁周期为 $2\times$＿＿＿＿＿＿＿＿ s。

（1）按工艺要求画出控制流程图。

（2）写出梯形图程序或语句表程序。

3. 评分表

同上题。

六、用 PLC 实现传送带自动控制系统（试题代码：2.2.3；考核时间：60 min）

1. 试题单

（1）操作条件

1）鉴定装置一台（需配置 FX2N‑48MR 或以上规格的 PLC、主令电器、指示灯、传感器或传感器信号模拟发生器等）。

2）计算机一台（需装有鉴定软件和三菱 SWOPC‑FXGP/WIN‑C 编程软件）。

3）鉴定装置专用连接电线若干根。

（2）操作内容

如仿真动画所示，根据控制要求和输入输出端口配置表来编制 PLC 控制程序。

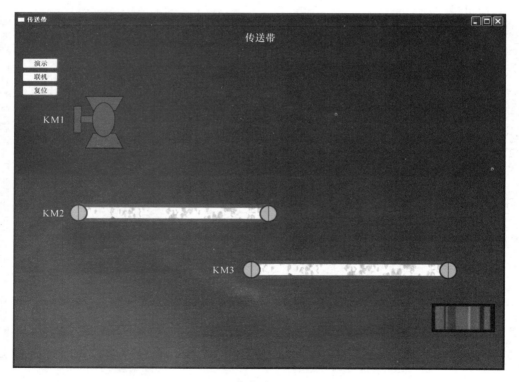

仿真动画

控制要求：

启动时，为了避免在后段输送带上造成物料堆积，要求以逆物料流动方向按一定时间间隔顺序启动，其启动顺序为：按启动按钮 SB1，第二条输送带的电磁阀 KM3 吸合；延时 3 s，第一条输送带的电磁阀 KM2 吸合；延时 3 s，卸料斗的电磁阀 KM1 吸合。

停止时，卸料斗的电磁阀 KM1 尚未吸合时，皮带 KM2、KM3 可立即停止。当卸料斗电磁阀 KM1 吸合时，为了使输送带上不残留物料，要求顺物料流动方向按一定时间间隔顺序停止，其停止顺序为：按停止按钮 SB2，卸料斗的电磁阀 KM1 断开；延时 6 s，第一条输送带的电磁阀 KM2 断开；此后再延时 6 s，第二条输送带的电磁阀 KM3 断开。

故障停止：在正常运转中，当第二条输送带的电动机故障时（热继电器 FR2 常闭触点断开），卸料斗、第一条和第二条输送带同时停止。当第一条输送带的电动机故障时（热继电器 FR1 常闭触点断开），卸料斗、第一条输送带同时停止。经 6 s 延时后，第二条输送带再停止。如果热继电器未复位，此时按下启动按钮，系统将不能启动。

输入输出端口配置表（5 个方案考评员抽选其一）：

输入输出设备	输入输出端口编号					接鉴定装置对应端口
	A	B	C	D	E	
启动按钮 SB1	X00	X04	X11	X02	X13	普通按钮
停止按钮 SB2	X01	X05	X12	X03	X14	普通按钮
热继电器 FR1（常闭）	X02	X06	X13	X04	X15	自锁按钮
热继电器 FR2（常闭）	X03	X07	X14	X05	X16	自锁按钮
电磁阀 KM1	Y00	Y10	Y05	Y12	Y01	计算机和 PLC 自动连接
电磁阀 KM2	Y01	Y11	Y06	Y14	Y03	计算机和 PLC 自动连接
电磁阀 KM3	Y02	Y12	Y07	Y16	Y05	计算机和 PLC 自动连接

1）根据控制要求画出控制流程图。

2）写出梯形图程序或语句表程序（考生自选其一）。

3）使用计算机软件进行程序输入。

4）下载程序并进行调试。

（3）操作要求

1）画出正确的控制流程图。

2）写出梯形图程序或语句表程序（考生自选其一）。

3）会使用计算机软件进行程序输入。

4）在鉴定装置上接线，用计算机软件模拟仿真进行调试。

5）未经允许擅自通电，造成设备损坏者，该项目零分。

2. 答题卷

输入输出分配表方案_____。

（1）按工艺要求画出控制流程图。

（2）写出梯形图程序或语句表程序。

3. 评分表

同上题。

七、用 PLC 实现污水处理过程的自动控制系统（试题代码：2.3.1；考核时间：60 min）

1. 试题单

（1）操作条件

1）鉴定装置一台（需配置 FX2N - 48MR 或以上规格的 PLC、主令电器、指示灯、传感器或传感器信号模拟发生器等）。

2）计算机一台（需装有鉴定软件和三菱 SWOPC - FXGP/WIN - C 编程软件）。

3）鉴定装置专用连接电线若干根。

（2）操作内容

如仿真动画所示，根据控制要求和输入输出端口配置表来编制 PLC 控制程序。

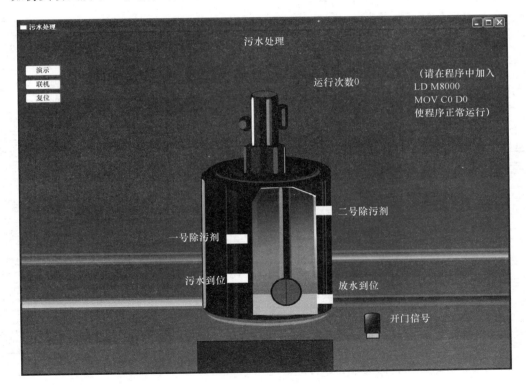

仿真动画

控制要求：按 SB7 选择按钮选择废水的程度（0 为轻度、1 为重度），按 SB1（启动按钮）启动污水泵，污水到位后由 PC 机发出污水到位信号，关闭污水泵，启动一号除污剂泵。一号除污剂到位后由 PC 机发出除污剂到位信号，关闭一号除污剂泵，如果是轻度污水，启动搅拌机；如果是重度污水，启动二号除污剂泵。二号除污剂到位后由 PC 机发出二号除污剂到位信号，关闭二号除污剂泵，启动搅拌机；延时 6 s，关闭搅拌泵，启动放水泵，防水到位后由 PC 机发出放水到位信号，关闭放水泵；延时 1 s，开启罐底的门，污物自动落下，计数器自动累加 1，延时 4 s 关门；此后延时 2 s，当计数器值不为 3 时，继续第二次排污工艺。当计数器累加到 3 时，计数器自动清零，并且小车启动，将该箱运走，调换成空箱，换箱需要 6 s 时间，换箱完成后开始第二次排污工艺。如果按过 SB2（停止按钮），则在关闭罐底的门后，延时 2 s 整个工艺停止。

输入输出端口配置表（5 个方案考评员抽选其一）：

输入输出设备	输入输出端口编号					接鉴定装置对应端口
	A	B	C	D	E	
启动按钮 SB1	X00	X10	X02	X12	X01	普通按钮
停止按钮 SB2	X01	X11	X03	X13	X02	普通按钮
污水到位信号	X02	X12	X04	X14	X10	计算机和 PLC 自动连接
一号除污剂到位信号	X03	X13	X05	X15	X11	计算机和 PLC 自动连接
二号除污剂到位信号	X04	X14	X06	X16	X12	计算机和 PLC 自动连接
放水到位信号	X05	X15	X07	X17	X13	计算机和 PLC 自动连接
选择按钮 SB7	X06	X16	X00	X10	X07	自锁按钮
污水泵	Y00	Y10	Y01	Y02	Y14	计算机和 PLC 自动连接
一号除污剂泵	Y01	Y11	Y05	Y03	Y15	计算机和 PLC 自动连接
二号除污剂泵	Y02	Y12	Y06	Y04	Y16	计算机和 PLC 自动连接
搅拌泵	Y03	Y13	Y02	Y10	Y00	计算机和 PLC 自动连接
放水泵	Y04	Y14	Y03	Y11	Y01	计算机和 PLC 自动连接
开门电动机	Y05	Y15	Y10	Y00	Y05	计算机和 PLC 自动连接
小车电动机	Y06	Y16	Y11	Y01	Y06	计算机和 PLC 自动连接
计数	C0					计算机和 PLC 自动连接

1）根据控制要求画出控制流程图。

2）写出梯形图程序或语句表程序（考生自选其一）。

3）使用计算机软件进行程序输入。

4）下载程序并进行调试。

（3）操作要求

1）画出正确的控制流程图。

2）写出梯形图程序或语句表程序（考生自选其一）。

3）会使用计算机软件进行程序输入。

4）在鉴定装置上接线，用计算机软件模拟仿真进行调试。

5）未经允许擅自通电，造成设备损坏者，该项目零分。

2. 答题卷

输入输出分配表方案＿＿＿＿＿＿＿＿。

（1）按工艺要求画出控制流程图。

（2）写出梯形图程序或语句表程序。

3. 评分表

同上题。

八、用 PLC 实现工件计件自动控制系统（试题代码：2.3.2；考核时间：60 min）

1. 试题单

（1）操作条件

1）鉴定装置一台（需配置 FX2N - 48MR 或以上规格的 PLC、主令电器、指示灯、传感器或传感器信号模拟发生器等）。

2）计算机一台（需装有鉴定软件和三菱 SWOPC - FXGP/WIN - C 编程软件）。

3）鉴定装置专用连接电线若干根。

（2）操作内容

如仿真动画所示，根据控制要求和输入输出端口配置表来编制 PLC 控制程序。

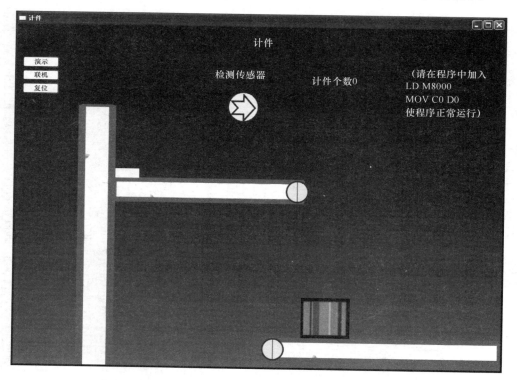

仿真动画

控制要求：

按下启动按钮 SB1，传送带 1 转动，传送带 1 上的器件经过检测传感器时，传感器发出一个器件的计数脉冲，并将器件传送到传送带 2 上的箱子里进行计数包装。包装分两类：当开关 K01＝1 时为大包装，计 6 个器件；K01＝0 为小包装，计 4 个器件。计数到达时，延时 2 s，停止传送带 1，同时启动传送带 2，传送带 2 保持运行 5 s 后，再启动传送带 1，重复以上计数过程。当中途按下了停止按钮 SB2 后，则本次包装结束停止计数。

输入输出端口配置表（5 个方案考评员抽选其一）

输入输出设备	输入输出端口编号					接鉴定装置对应端口
	A	B	C	D	E	
传感器	X00	X11	X03	X04	X10	计算机和 PLC 自动连接
启动按钮 SB1	X01	X12	X00	X02	X13	普通按钮
停止按钮 SB2	X02	X13	X01	X03	X14	普通按钮
开关 K01	X03	X17	X07	X05	X15	自锁按钮
传输带 1	Y00	Y02	Y10	Y11	Y05	计算机和 PLC 自动连接
传输带 2	Y01	Y03	Y12	Y13	Y06	计算机和 PLC 自动连接

1）根据控制要求画出控制流程图。

2）写出梯形图程序或语句表程序（考生自选其一）。

3）使用计算机软件进行程序输入。

4）下载程序并进行调试。

（3）操作要求

1）画出正确的控制流程图。

2）写出梯形图程序或语句表程序（考生自选其一）。

3）会使用计算机软件进行程序输入。

4）在鉴定装置上接线，用计算机软件模拟仿真进行调试。

5）未经允许擅自通电，造成设备损坏者，该项目零分。

2. 答题卷

输入输出分配表方案_____。

（1）按工艺要求画出控制流程图。

（2）写出梯形图程序或语句表程序。

3. 评分表

同上题。

九、用 PLC 实现流水线瓶检自动控制系统（试题代码：2.3.3；考核时间：60 min）

1. 试题单

（1）操作条件

1）鉴定装置一台（需配置 FX2N－48MR 或以上规格的 PLC、主令电器、指示灯、传感器或传感器信号模拟发生器等）。

2）计算机一台（需装有鉴定软件和三菱 SWOPC‐FXGP/WIN‐C 编程软件）。

3）鉴定装置专用连接电线若干根。

（2）操作内容

如仿真动画所示，根据控制要求和输入输出端口配置表来编制 PLC 控制程序。

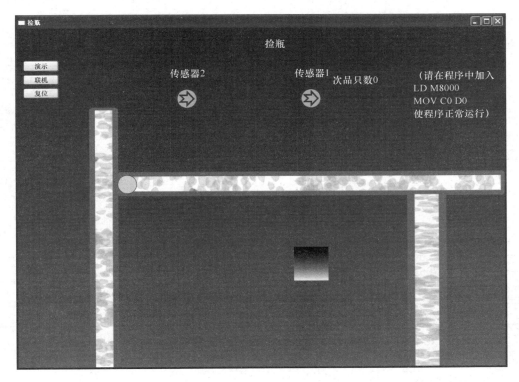

仿真动画

控制要求：

产品在传送带上移动到检测传感器 2 处，对产品进行检验。当此处传感器信号为 1 时表示产品为合格品，为 0 时表示产品为次品。如果是合格品则传送带继续转动，将产品送到前方的成品箱；如果是次品则传送带将产品送到传感器 1 处，当产品到达传感器 1 处时传送带停转，由机械手将次品送到次品箱中。

机械手动作为：伸出 $\xrightarrow{\text{1s后}}$ 夹紧产品 $\xrightarrow{\text{1s后}}$ 顺时针转 90° $\xrightarrow{\text{1s后}}$ 放松 $\xrightarrow{\text{1s后}}$ 缩回 $\xrightarrow{\text{1s后}}$ 逆时针转 90°

返回原位—$\xrightarrow{1\,s\,后}$停止。机械手动作均由单向阀控制液压装置来实现。

当按了启动按钮 SB1 后，传送带转动，产品检验连续进行。当验出 5 个次品后，暂停 5 s，调换次品箱，然后继续检验。

当按了停止按钮 SB2 后，如遇次品则待机械手返回原位后停止检验，遇到成品时，产品到达传感器 1 处时停止。

输入输出端口配置表（5 个方案考评员抽选其一）：

输入输出设备	输入输出端口编号					接鉴定装置对应端口
	A	B	C	D	E	
传感器 1	X00	X10	X01	X11	X07	计算机和 PLC 自动连接
传感器 2	X10	X01	X05	X12	X01	自锁按钮
启动按钮 SB1	X06	X03	X06	X16	X02	普通按钮
停止按钮 SB2	X07	X04	X07	X17	X03	普通按钮
传送带 1	Y00	Y10	Y01	Y17	Y05	计算机和 PLC 自动连接
机械臂伸出缩回	Y01	Y12	Y04	Y10	Y00	计算机和 PLC 自动连接
机械手夹紧松开	Y02	Y13	Y05	Y11	Y01	计算机和 PLC 自动连接
机械臂右旋转	Y03	Y14	Y06	Y12	Y02	计算机和 PLC 自动连接
计数	C0					计算机和 PLC 自动连接

1）根据控制要求画出控制流程图。

2）写出梯形图程序或语句表程序（考生自选其一）。

3）使用计算机软件进行程序输入。

4）下载程序并进行调试。

（3）操作要求

1）画出正确的控制流程图。

2）写出梯形图程序或语句表程序（考生自选其一）。

3）会使用计算机软件进行程序输入。

4）在鉴定装置上接线，用计算机软件模拟仿真进行调试。

5）未经允许擅自通电，造成设备损坏者，该项目零分。

2. 答题卷

输入输出分配表方案_____。

（1）按工艺要求画出控制流程图。

（2）写出梯形图程序或语句表程序。

3. 评分表

同上题。

交直流传动系统装调

一、转速、电流双闭环不可逆直流调速控制（一） （试题代码：3.1.1；考核时间：60 min）

1. 试题单

（1）操作条件

1）直流调速实训装置（含欧陆 514C 直流调速器）一台，专用连接导线若干。

2）直流电动机-发电机组一台：Z400/20 - 220，$P_N = 400$ W，$U_N = 220$ V，$I_N = 3.5$ A，$n_N = 2\,000$ r/min；测速发电机：55 V/2 000 r/min。

3）变阻箱一台。

（2）操作内容

1）按接线图所示在 514C 直流调速实训装置上完成接线，并接入调试、测量所需要的电枢电流表、转速表、测速发电机两端电压表及给定电压表等测量仪表。

2）按步骤进行通电调试，要求转速给定电压 U_{gn} 为 0～_____ V，调整转速反馈电压，使电动机转速为 0～_____ r/min。

3）调节转速给定电压 U_{gn}，并实测、记录给定电压 U_{gn}、测速发电机两端电压 U_{Tn} 和转速 n，绘制调节特性曲线。

4）画出转速、电流双闭环不可逆直流调速系统原理图，并在图中标出正向运行时系统的工作状态（各物理量的极性）。

5）按要求在此电路上设置一个故障，考生根据故障现象分析故障原因，并排除故障使系统正常运行。

（3）操作要求

1）根据给定的设备、仪器和仪表完成接线、调试、运行及特性测量分析工作，调试过程中一般故障自行解决。

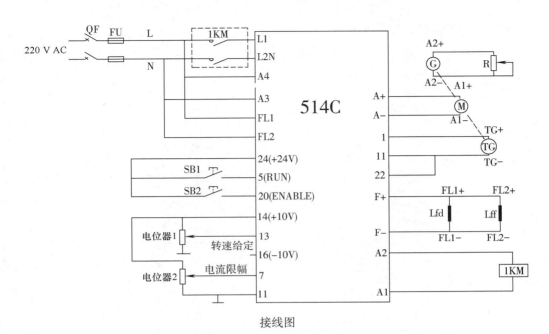

接线图

2）根据给定的条件测量与绘制调节特性曲线。

3）画出转速、电流双闭环不可逆直流调速系统原理图，并在图中标出正向运行时系统的工作状态。

4）根据故障现象分析故障原因，并排除故障使其运行正常。

5）安全生产，文明操作。未经允许擅自通电，造成设备损坏者，该项目零分。

2. 答题卷

（1）转速给定电压 U_{gn} 为 0～_____ V，电动机转速为 0～_____ r/min。

实测并记录转速 n、转速给定电压 U_{gn} 和测速发电机两端电压 U_{Tn}。

n（r/min）						
U_{gn}（V）						
U_{Tn}（V）						

绘制调节特性曲线：

（2）画出转速、电流双闭环不可逆直流调速系统原理图，并在图中标出正向运行时系统的工作状态（各物理量的极性）。

（3）排除故障

1）记录故障现象。

2）分析故障原因。

3）找出具体故障点。

3. 评分表

试题代码及名称			3.1.1　转速、电流双闭环不可逆直流调速控制（一）		考核时间				60 min
评价要素	配分	等级	评分细则	评定等级					得分
				A	B	C	D	E	
否决项			未经允许擅自通电，造成设备损坏者，该项目记为零分						
1　按电路图接线	5	A	接线正确，安装规范						
		B	接线安装错 1 次，能独立纠正；或接线虽正确，但不规范，在主电路接线中采用控制电路导线；或一个接线柱上接头超过 2 个						
		C	接线及安装错 2 次，能独立纠正						

续表

试题代码及名称			3.1.1　转速、电流双闭环不可逆直流调速控制（一）	考核时间					60 min
评价要素	配分	等级	评分细则	评定等级					得分
				A	B	C	D	E	
1　按电路图接线	5	D	接线及安装错3次及以上，能独立纠正						
		E	未答题						
2　通电调试与运行	6	A	通电调试运行步骤、方法与结果完全正确，操作熟练						
		B	通电调试运行步骤、方法与结果较正确，操作较熟练；或通电调试结果正确，但开机或停机步骤不正确						
		C	通电调试运行步骤与方法基本正确，调试结果基本正确，操作不够熟练						
		D	通电调试运行步骤、方法与结果不正确，通电调试失败						
		E	未答题						
3　特性曲线测量及绘制	5	A	参数测量和特性曲线绘制完全正确						
		B	特性曲线参数测量有误，或特性曲线绘制不够规范，或漏、错标坐标名称单位						
		C	特性曲线参数测量错1处，或特性曲线绘制错1处						
		D	特性曲线参数测量和特性曲线绘制两者中各错1处及以上						
		E	未答题						
4　系统原理图绘制	5	A	系统原理图、符号及极性标注完全正确						
		B	系统原理图、符号及极性标注有1~2处错误						
		C	系统原理图、符号及极性标注有3~5处错误						
		D	系统原理图、符号及极性标注有5处以上的错误						
		E	未答题						

续表

试题代码及名称				3.1.1　转速、电流双闭环不可逆直流调速控制（一）	考核时间					60 min
评价要素		配分	等级	评分细则	评定等级					得分
					A	B	C	D	E	
5	排除故障	2	A	排除故障，故障现象及原因分析全面、正确						
			B	排除故障，故障现象、原因分析较正确						
			C	排除故障，但故障现象、原因分析不正确						
			D	未排除故障；或采用排除故障检查方法不正确，如在电路通电时采用导线短接或用万用表电阻挡测量等						
			E	未答题						
6	安全生产，无事故发生	2	A	安全文明生产，符合操作规程						
			B	安全文明生产，符合操作规程，但未穿电工鞋						
			C	—						
			D	未经允许擅自通电，但未造成设备损坏或在操作过程中烧断熔断器						
			E	未答题						
合计配分		25		合计得分						

注：阴影处为否决项。

等级	A（优）	B（良）	C（及格）	D（较差）	E（差或缺考）
比值	1.0	0.8	0.6	0.2	0

"评价要素"得分＝配分×等级比值。

二、转速、电流双闭环不可逆直流调速控制（二）（试题代码：3.1.2；考核时间：60 min）

1. 试题单

（1）操作条件

1）直流调速实训装置（含欧陆 514C 直流调速器）一台，专用连接导线若干。

2）直流电动机-发电机组一台：Z400/20 - 220，$P_N = 400$ W，$U_N = 220$ V，$I_N = 3.5$ A，$n_N = 2\,000$ r/min；测速发电机：55 V/2 000 r/min。

3）变阻箱一台。

（2）操作内容

1）按接线图所示在 514C 直流调速实训装置上完成接线，并接入调试、测量所需要的电枢电流表、转速表、测速发电机两端电压表及给定电压表等测量仪表。

2）按步骤进行通电调试，要求转速给定电压 U_{gn} 为 0～_____ V，调整转速反馈电压，使电动机转速为 0～_____ r/min。

3）当电动机转速为_____r/min 时改变负载，实测记录电枢电流 I_d、转速 n、测速发电机两端电压 U_{Tn}，绘制系统静特性曲线。

4）画出转速、电流双闭环不可逆直流调速系统原理图，并在图中标出正向运行时系统的工作状态（各物理量的极性）。

5）按要求在此电路上设置一个故障，考生根据故障现象分析故障原因，并排除故障使系统正常运行。

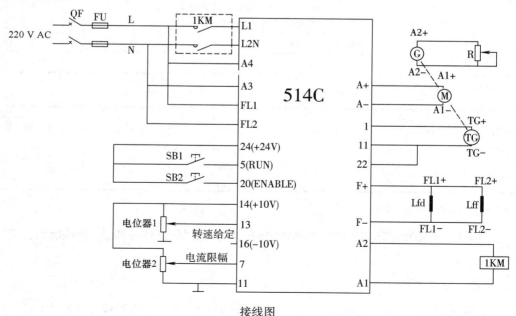

接线图

（3）操作要求

1）根据给定的设备、仪器和仪表完成接线、调试、运行及特性测量分析工作，调试过程中一般故障自行解决。

2）根据给定的条件测量与绘制静特性曲线。

3）画出转速、电流双闭环不可逆直流调速系统原理图，并在图中标出正向运行时系统的工作状态。

4）根据故障现象分析故障原因，并排除故障使其运行正常。

5）安全生产，文明操作。未经允许擅自通电，造成设备损坏者，该项目零分。

2. 答题卷

（1）转速给定电压 U_{gn} 为 0～_____V，电动机转速为 0～_____r/min。

实测 n＝_____r/min 时的系统静特性。

I_d（A）	空载					
U_{Tn}（V）						
n（r/min）						

绘制系统静特性曲线：

（2）画出转速、电流双闭环不可逆直流调速系统原理图，并在图中标出正向运行时系统的工作状态（各物理量的极性）。

（3）排除故障

1）记录故障现象。

2）分析故障原因。

3）找出具体故障点。

3. 评分表

同上题。

三、逻辑无环流可逆直流调速控制（二）（试题代码：3.1.4；考核时间：60 min）

1. 试题单

（1）操作条件

1）直流调速实训装置（含欧陆 514C 直流调速器）一台，专用连接导线若干。

2）直流电动机-发电机组一台：Z400/20-220，$P_N = 400$ W，$U_N = 220$ V，$I_N = 3.5$ A，$n_N = 2\,000$ r/min；测速发电机：55 V/2 000 r/min。

3）变阻箱一台。

（2）操作内容

1）按接线图所示在 514C 直流调速实训装置上完成接线，并接入调试、测量所需要的电枢电流表、转速表、测速发电机两端电压表及给定电压表等测量仪表。

2）按步骤进行通电调试，要求转速给定电压 U_{gn} 为 0～＿＿V，调整转速反馈电压，使电动机转速为 0～＿＿r/min。

3）当电动机转速为＿＿r/min 时改变负载，实测记录电枢电流 I_d、转速 n、测速发电机两端电压 U_{Tn}，绘制系统静特性曲线。

4）画出逻辑无环流可逆直流调速系统原理图，并在图中标出反向运行时系统的工作状态（各物理量的极性）。

5）按要求在此电路上设置一个故障，考生根据故障现象分析故障原因，并排除故障使系统正常运行。

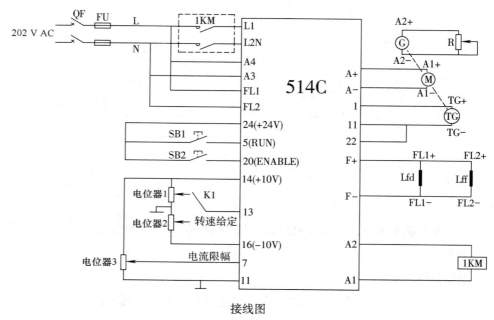

接线图

（3）操作要求

1）根据给定的设备、仪器和仪表完成接线、调试、运行及特性测量分析工作，达到考试规定的要求，调试过程中一般故障自行解决。

2）根据给定的条件测量与绘制静特性曲线。

3）画出逻辑无环流可逆直流调速系统原理图，并在图中标出反向运行时系统的工作状态。

4）根据故障现象分析故障原因，并排除故障使其运行正常。

5）安全生产，文明操作。未经允许擅自通电，造成设备损坏者，该项目零分。

2. 答题卷

（1）转速给定电压 U_{gn} 为 0～_____V，电动机转速为 0～_____r/min。

实测记录 $n=$_____r/min 时的系统静特性。

I_d（A）	空载						
U_{Tn}（V）							
n（r/min）							

绘制系统静特性曲线：

（2）画出逻辑无环流可逆直流调速系统原理图，并在图中标出正向运行时系统的工作状态（各物理量的极性）。

(3) 排除故障

1) 记录故障现象。

2) 分析故障原因。

3) 找出具体故障点。

3. 评分表

同上题。

四、交流变频器三段固定频率控制 (试题代码：3.2.1；考核时间：60 min)

1. 试题单

(1) 操作条件

1) 交流变频调速实训装置 (含西门子 MM440 变频器) 一台，专用连接导线若干。

2) 三相交流异步电动机：YSJ7124 一台，$P_N = 370$ W，$U_N = 380$ V，$I_N = 1.12$ A，$n_N = 1\ 400$ r/min，$f_N = 50$ Hz。

(2) 操作内容

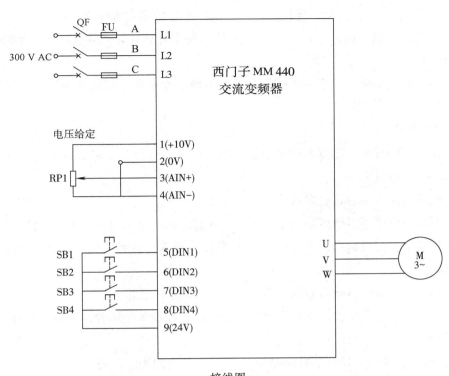

接线图

1）按照上述所示的系统接线图在 MM440 交流变频调速实训装置上进行接线。

2）将变频器设置成数字量输入端口操作运行状态、线性 V/F 控制方式，交流变频调速系统三段固定频率运行采用直接选择方式，由控制按钮控制，三段固定频率运行要求为：上升时间为_____s，下降时间为_____s。

第一段固定频率为_____Hz。

第二段固定频率为_____Hz。

第三段固定频率为_____Hz。

按以上要求写出变频器设置参数清单。

3）变频器通电，按以上要求设置参数及调试运行，结果向考评员演示。

4）将变频器设置成数字量输入端口操作及模拟量给定操作运行状态，改变给定电位器，观察转速、频率变化情况，并根据所要求的给定转速（或给定频率），记录此时给定电压为_____ V，频率为_____ Hz，转速为_____ r/min，结果向考评员演示。

5）画出上述三段速运行的 $n = f(t)$ 曲线图，要求计算有关加减速时间，标明时间坐标和转速坐标值。

6）按要求在此电路上设置一个故障，考生根据故障现象分析故障原因，并排除故障使系统正常运行。

（3）操作要求

1）根据给定的设备、仪器和仪表完成接线、调试、运行及故障分析处理工作，调试过程中一般故障自行解决。

2）按要求写出变频器设置参数清单。

3）按要求写出变频器模拟量给定操作运行状态时的给定电压、频率与转速。

4）测量与绘制三段速运行的 $n = f(t)$ 曲线图，要求计算有关加减速时间，标明时间坐标和转速坐标值。

5）根据故障现象分析故障原因，并排除故障使其运行正常。

6）安全生产，文明操作。未经允许擅自通电，造成设备损坏者，该项目零分。

2. 答题卷

设置三段固定频率运行，上升时间为____s，下降时间为____s。

第一段频率为_____Hz，对应的转速为_____r/min。

第二段频率为_____Hz，对应的转速为_____r/min。

第三段频率为_____Hz，对应的转速为_____r/min。

（1）写出变频器设置参数清单。

（2）给定电压为_____ V，频率为_____ Hz，转速为_____ r/min。

（3）画出三段速运行的 $n = f(t)$ 曲线图，要求计算有关加减速时间，标明时间坐标和转速坐标值。

（4）排除故障

1）记录故障现象。

2）分析故障原因。

3）找出具体故障点。

3. 评分表

试题代码及名称			3.2.1　交流变频器三段固定频率控制	考核时间				60 min
评价要素	配分	等级	评分细则	评定等级				得分
				A	B	C	D	E
否决项			未经允许擅自通电，造成设备损坏者，该项目记为零分					
1　按电路图接线	4	A	接线正确，安装规范					
		B	接线安装错 1 次，能独立纠正；或接线虽正确，但不规范，在主电路接线中采用控制电路导线或一个接线柱上接头超过 2 个					
		C	接线及安装错 2 次，能独立纠正					
		D	接线及安装错 3 次及以上，能独立纠正					
		E	未答题					
2　通电调试与运行	6	A	通电调试运行中多段速及模拟量给定操作两项调试运行步骤、方法与演示结果完全正确，操作熟练					

续表

试题代码及名称				3.2.1　交流变频器三段固定频率控制	考核时间					60 min
评价要素		配分	等级	评分细则	评定等级					得分
					A	B	C	D	E	
2	通电调试与运行	6	B	通电操作演示熟练，调试运行中多段速操作演示或模拟量给定操作演示结果中有1～2个参数不正确						
			C	通电操作演示不熟练，或调试运行中多段速操作演示和模拟量给定操作演示结果中有1项不正确						
			D	多段速及模拟量给定操作两项调试运行步骤、方法与演示结果均不正确，或通电调试失败						
			E	未答题						
3	多段速设置参数编写及设置	7	A	设置参数编写顺序正确，参数设置符合题目要求，设置操作步骤熟练，且演示结果正确						
			B	设置操作熟练，演示结果正确，但设置参数清单编写参数错1～2条指令						
			C	设置参数清单编写参数错3～4条指令；或设置参数清单编写正确，但系统通电调试运行未成功						
			D	设置参数清单编写参数错4条指令以上；或参数设置错误，演示结果不正确						
			E	未答题						
4	$n=f(t)$ 特性曲线	4	A	$n=f(t)$ 特性曲线绘制正确，坐标名称及单位正确，加减速时间计算及标注完整且正确						
			B	$n=f(t)$ 特性曲线坐标名称及单位、加减速时间计算及标注上述3项指标中任一项有1～2个错误						
			C	$n=f(t)$ 特性曲线坐标名称及单位、加减速时间计算及标注上述3项指标中有一项错误，或任一项中有3～5个错误						

试题代码及名称			3.2.1 交流变频器三段固定频率控制				考核时间		60 min
评价要素		配分	等级	评分细则	评定等级				得分
					A	B	C	D	E
4	$n=f(t)$ 特性曲线	4	D	$n=f(t)$ 特性曲线坐标名称及单位、加减速时间计算及标注上述 3 项指标中有 2 项及 2 项以上错误					
			E	未答题					
5	排除故障	2	A	排除故障，故障现象及原因分析全面、正确，且排除故障方法正确					
			B	排除故障，故障现象、原因分析较正确					
			C	排除故障，但故障现象、原因分析不够正确					
			D	未排除故障；或采用排除故障检查方法不正确，如在电路通电时采用导线短接或用万用表电阻挡测量等					
			E	未答题					
6	安全生产，无事故发生	2	A	安全文明生产，符合操作规程					
			B	安全文明生产，符合操作规程，但未穿电工鞋					
			C	—					
			D	未经允许擅自通电，但未造成设备损坏或在操作过程中烧断熔断器					
			E	未答题					
合计配分		25		合计得分					

注：阴影处为否决项。

等级	A（优）	B（良）	C（及格）	D（较差）	E（差或缺考）
比值	1.0	0.8	0.6	0.2	0

"评价要素"得分＝配分×等级比值。

五、交流变频器三段转速控制（试题代码：3.2.2；考核时间：60 min）

1. 试题单

（1）操作条件

1）交流变频调速实训装置（含西门子 MM440 变频器）一台，专用连接导线若干。

2）三相交流异步电动机：YSJ7124 一台，$P_N=370$ W，$U_N=380$ V，$I_N=1.12$ A，$n_N=$ 1 400 r/min，$f_N=50$ Hz。

（2）操作内容

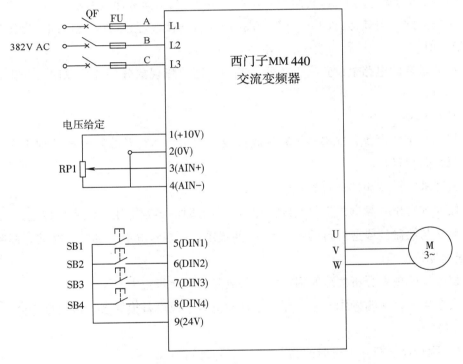

接线图

1）按照上述所示的系统接线图在 MM440 交流变频调速实训装置上进行接线。

2）将变频器设置成数字量输入端口操作运行状态、线性 V/F 控制方式，交流变频调速系统三段固定转速运行采用直接选择方式，由控制按钮控制，三段转速运行要求为：上升时间为_____s，下降时间为_____s。

第一段转速为_____r/min。

第二段转速为_____r/min。

第三段转速为_____r/min。

按以上要求写出变频器设置参数清单。

3）变频器通电，按以上要求设置参数及调试运行，结果向考评员演示。

4）将变频器设置成数字量输入端口操作及模拟量给定操作运行状态，改变给定电位器，观察转速、频率变化情况，并根据所要求的给定转速（或给定频率），记录此时给定电压为_____ V，频率为_____ Hz，转速为_____ r/min，结果向考评员演示。

5）画出上述三段速运行的 $n=f(t)$ 曲线图，要求计算有关加减速时间，标明时间坐标和转速坐标值。

6）按要求在此电路上设置一个故障，考生根据故障现象分析故障原因，并排除故障使系统正常运行。

（3）操作要求

1）根据给定的设备、仪器和仪表完成接线、调试、运行及故障分析处理工作，调试过程中一般故障自行解决。

2）按要求写出变频器设置参数清单。

3）按要求写出变频器模拟量给定操作运行状态时的给定电压、频率与转速。

4）测量与绘制三段速运行的 $n=f(t)$ 曲线图，要求计算有关加减速时间，标明时间坐标和转速坐标值。

5）根据故障现象分析故障原因，并排除故障使其运行正常。

6）安全生产，文明操作。未经允许擅自通电，造成设备损坏者，该项目零分。

2. 答题卷

设置三段转速运行，上升时间为____s，下降时间为____s。

第一段转速为_____r/min，对应的频率为_____Hz。

第二段转速为_____r/min，对应的频率为_____Hz。

第三段转速为_____r/min，对应的频率为_____Hz。

（1）写出变频器设置参数清单。

（2）给定电压为_____ V，频率为_____ Hz，转速为_____ r/min。

（3）画出三段速运行的 $n = f(t)$ 曲线图，要求计算有关加减速时间，标明时间坐标和转速坐标值。

（4）排除故障

1）记录故障现象。

2）分析故障原因。

3）找出具体故障点。

3. 评分表

同上题。

六、交流变频器四段固定频率控制（试题代码：3.2.3；考核时间：60 min）

1. 试题单

（1）操作条件

1）交流变频调速实训装置（含西门子 MM440 变频器）一台，专用连接导线若干。

2）三相交流异步电动机：YSJ7124 一台，$P_N＝370$ W，$U_N＝380$ V，$I_N＝1.12$ A，$n_N＝1\,400$ r/min，$f_N＝50$ Hz。

（2）操作内容

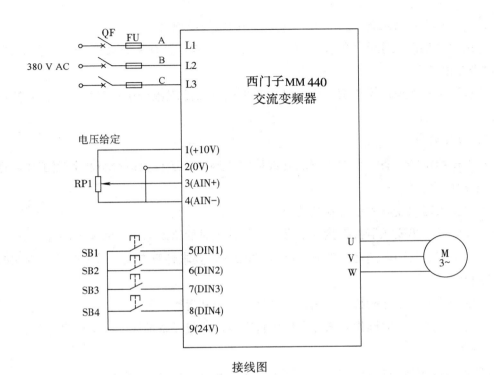

接线图

1）按照上述所示的系统接线图在 MM440 交流变频调速实训装置上进行接线。

2）将变频器设置成数字量输入端口操作运行状态，线性 V/F 控制方式，交流变频调速系统四段固定频率运行采用直接选择＋ON 方式，由控制按钮控制，四段固定频率运行要求为：上升时间为_____s，下降时间为_____s。

第一段固定频率为_____Hz。

第二段固定频率为_____Hz。

第三段固定频率为_____Hz。

第四段固定频率为_____Hz。

按以上要求写出变频器设置参数清单。

3）变频器通电，按以上要求自行设置参数并调试运行，结果向考评员演示。

4）将变频器设置成数字量输入端口及模拟量给定操作运行状态，改变给定电位器观察转速变化情况，并根据所要求的给定转速（或给定频率），记录此时给定电压为_____V，频率为_____ Hz，转速为_____ r/min，结果向考评员演示。

5）画出上述四段速运行的 $n=f(t)$ 曲线图，要求计算有关加减速时间，标明时间坐标和转速坐标值。

6）按要求在此电路上设置一个故障，考生根据故障现象分析故障原因，并排除故障使系统正常运行。

（3）操作要求

1）根据给定的设备、仪器和仪表完成接线、调试、运行及故障分析处理工作，调试过程中一般故障自行解决。

2）按要求写出变频器设置参数清单。

3）按要求写出变频器模拟量给定操作运行状态时的给定电压、频率与转速。

4）测量与绘制四段速运行的 $n=f(t)$ 曲线图，要求计算有关加减速时间，标明时间坐标和转速坐标值。

5）根据故障现象分析故障原因，并排除故障使其运行正常。

6）安全生产，文明操作。未经允许擅自通电，造成设备损坏者，该项目零分。

2. 答题卷

设置四段固定频率运行，上升时间为____s，下降时间为____s。

第一段频率为_____Hz，对应的转速为_____r/min。

第二段频率为_____Hz，对应的转速为_____r/min。

第三段频率为_____Hz，对应的转速为_____r/min。

第四段频率为_____Hz，对应的转速为_____r/min。

（1）写出变频器设置参数清单。

（2）给定电压为_____ V，频率为_____ Hz，转速为_____ r/min。

（3）画出四段运行的 $n=f(t)$ 曲线图，要求计算有关加减速时间，标明时间坐标和转速坐标值。

（4）排除故障

1）记录故障现象。

2）分析故障原因。

3）找出具体故障点。

3. 评分表

同上题。

七、交流变频器四段转速控制（试题代码：3.2.4；考核时间：60 min）

1. 试题单

（1）操作条件

1）交流变频调速实训装置（含西门子 MM440 变频器）一台，专用连接导线若干。

2）三相交流异步电动机：YSJ7124 一台，$P_N = 370$ W，$U_N = 380$ V，$I_N = 1.12$ A，$n_N = 1\,400$ r/min，$f_N = 50$ Hz。

（2）操作内容

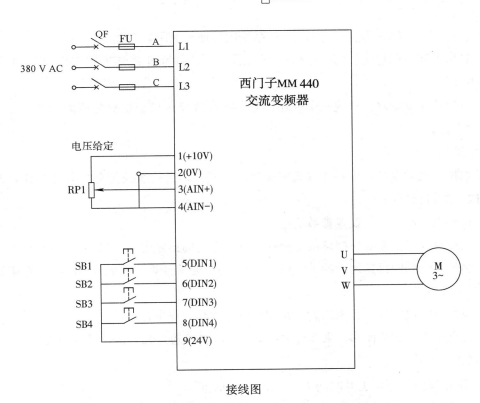

接线图

1）按照上述所示的系统接线图在 MM440 交流变频调速实训装置上进行接线。

2）变频器设置成数字量输入端口操作运行状态，线性 V/F 控制方式，交流变频调速系统四段固定转速运行采用直接选择＋ON 方式，由控制按钮控制，四段转速控制运行要求为：上升时间为_____s，下降时间为_____s。

第一段转速为_____r/min。

第二段转速为_____r/min。

第三段转速为_____r/min。

第四段转速为_____r/min。

按以上要求写出变频器设置参数清单。

3）变频器通电，按以上要求自行设置参数并调试运行，结果向考评员演示。

4）将变频器设置成数字量输入端口及模拟量给定操作运行状态，改变给定电位器，观察转速变化情况，并根据所要求的给定转速（或给定频率），记录此时给定电压为_____V，频率为_____ Hz，转速为_____ r/min，结果向考评员演示。

5）画出上述四段速运行的 $n = f(t)$ 曲线图，要求计算有关加减速时间，标明时间坐标和转速坐标值。

6）按要求在此电路上设置一个故障，考生根据故障现象分析故障原因，并排除故障使系统正常运行。

（3）操作要求

1）根据给定的设备、仪器和仪表完成接线、调试、运行及故障分析处理工作，调试过程中一般故障自行解决。

2）按要求写出变频器设置参数清单。

3）按要求写出变频器模拟量给定操作运行状态时的给定电压、频率与转速。

4）测量与绘制四段速运行的 $n = f(t)$ 曲线图，要求计算有关加减速时间，标明时间坐标和转速坐标值。

5）根据故障现象分析故障原因，并排除故障使其运行正常。

6）安全生产，文明操作。未经允许擅自通电，造成设备损坏者，该项目零分。

2. 答题卷

设置四段速度运行，上升时间为____s，下降时间为____s。

第一段转速为_____r/min，对应的频率为_____Hz。

第二段转速为_____r/min，对应的频率为_____Hz。

第三段转速为_____r/min，对应的频率为_____Hz。

第四段转速为_____r/min，对应的频率为_____Hz。

（1）写出变频器设置参数清单。

（2）给定电压为＿＿＿＿＿ V，频率为＿＿＿＿＿ Hz，转速为＿＿＿＿＿ r/min。

（3）画出四段速运行的 $n = f(t)$ 曲线图，要求计算有关加减速时间，标明时间坐标和转速坐标值。

（4）排除故障

1）记录故障现象。

2）分析故障原因。

3）找出具体故障点。

3. 评分表

同上题。

八、交流变频器五段固定频率控制（试题代码：3.2.5；考核时间：60 min）

1. 试题单

（1）操作条件

1）交流变频调速实训装置（含西门子 MM440 变频器）一台，专用连接导线若干。

2）三相交流异步电动机：YSJ7124 一台，$P_N = 370$ W，$U_N = 380$ V，$I_N = 1.12$ A，$n_N = 1\ 400$ r/min，$f_N = 50$ Hz。

（2）操作内容

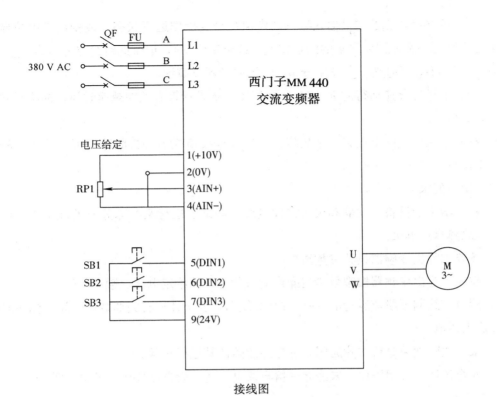

接线图

1）按照上述所示的系统接线图在 MM440 交流变频调速实训装置上进行接线。

2）变频器设置成数字量输入端口操作运行状态，线性 V/F 控制方式，交流变频调速系统五段固定频率运行采用二进制编码选择＋ON 方式，由控制按钮控制，五段固定频率运行要求为：上升时间为_____s，下降时间为_____s。

第一段固定频率为_____Hz。

第二段固定频率为_____Hz。

第三段固定频率为_____Hz。

第四段固定频率为_____Hz。

第五段固定频率为_____Hz。

按以上要求写出变频器设置参数清单。

3）变频器通电，按以上要求自行设置参数并调试运行，结果向考评员演示。

4）将变频器设置成数字量输入端口及模拟量给定操作运行状态，改变给定电位器，观察转速变化情况，并根据所要求的给定转速（或给定频率），记录此时给定电压为_____ V，频率为_____ Hz，转速为_____ r/min，结果向考评员演示。

5）画出上述五段速运行的 $n = f(t)$ 曲线图，要求计算有关加减速时间，标明时间坐标和转速坐标值。

6）按要求在此电路上设置一个故障，考生根据故障现象分析故障原因，并排除故障使系统正常运行。

（3）操作要求

1）根据给定的设备、仪器和仪表完成接线、调试、运行及故障分析处理工作，调试过程中一般故障自行解决。

2）按要求写出变频器设置参数清单。

3）按要求写出变频器模拟量给定操作运行状态时的给定电压、频率与转速。

4）测量与绘制五段速运行的 $n = f(t)$ 曲线图，要求计算有关加减速时间，标明时间坐标和转速坐标值。

5）根据故障现象分析故障原因，并排除故障使其运行正常。

6）安全生产，文明操作。未经允许擅自通电，造成设备损坏者，该项目零分。

2. 答题卷

设置五段固定频率运行，上升时间为____s，下降时间为____s。

第一段频率为_____Hz，对应转速为_____r/min。

第二段频率为_____Hz，对应转速为_____r/min。

第三段频率为_____Hz，对应转速为_____r/min。

第四段频率为_____Hz，对应转速为_____r/min。

第五段频率为_____Hz，对应转速为_____r/min。

（1）写出变频器设置参数清单。

（2）给定电压为＿＿＿＿＿ V，频率为＿＿＿＿＿ Hz，转速为＿＿＿＿＿ r/min。

（3）画出五段速运行的 $n＝f(t)$ 曲线图，要求计算有关加减速时间，标明时间坐标和转速坐标值。

（4）排除故障

1）记录故障现象。

2）分析故障原因。

3）找出具体故障点。

3. 评分表

同上题。

九、交流变频器五段转速控制（试题代码：3.2.6；考核时间：60 min)

1. 试题单

（1）操作条件

1）交流变频调速实训装置（含西门子 MM440 变频器）一台，专用连接导线若干。

2）三相交流异步电动机：YSJ7124 一台，$P_N=370$ W，$U_N=380$ V，$I_N=1.12$ A，$n_N=1\,400$ r/min，$f_N=50$ Hz。

（2）操作内容

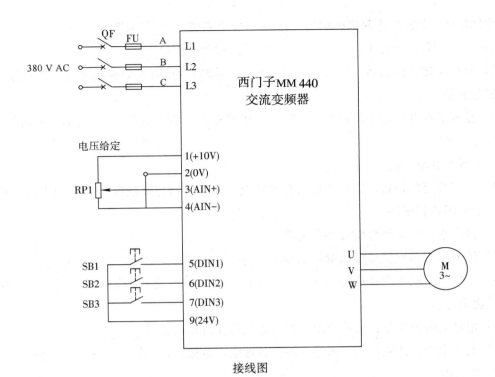

接线图

1）按照上述所示的系统接线图在 MM440 交流变频调速实训装置上进行接线。

2）变频器设置成数字量输入端口操作运行状态、线性 V/F 控制方式，交流变频调速系统五段固定转速运行采用二进制编码选择＋ON 方式，由控制按钮控制，五段转速控制运行要求为：上升时间为_____s，下降时间为_____s。

第一段转速为_____r/min。

第二段转速为_____r/min。

第三段转速为_____r/min。

第四段转速为_____r/min。

第五段转速为_____r/min。

按以上要求写出变频器设置参数清单。

3）变频器通电，按以上要求自行设置参数并调试运行，结果向考评员演示。

4）将变频器设置成数字量输入端口及模拟量给定操作运行状态，改变给定电位器，观察转速变化情况，并根据所要求的给定转速（或给定频率），记录此时给定电压为 _____ V，频率为_____ Hz，转速为_____ r/min，结果向考评员演示。

5）画出上述五段速运行的 $n = f(t)$ 曲线图，要求计算有关加减速时间，标明时间坐标和转速坐标值。

6）按要求在此电路上设置一个故障，考生根据故障现象分析故障原因，并排除故障使系统正常运行。

（3）操作要求

1）根据给定的设备、仪器和仪表完成接线、调试、运行及故障分析处理工作，调试过程中一般故障自行解决。

2）按要求写出变频器设置参数清单。

3）按要求写出变频器模拟量给定操作运行状态时的给定电压、频率与转速。

4）测量与绘制五段速运行的 $n = f(t)$ 曲线图，要求计算有关加减速时间，标明时间坐标和转速坐标值。

5）根据故障现象分析故障原因，并排除故障使其运行正常。

6）安全生产，文明操作。未经允许擅自通电，造成设备损坏者，该项目零分。

2. 答题卷

设置五段速度运行，上升时间为_____s，下降时间为_____s。

第一段转速为_____r/min，对应的频率为_____Hz。

第二段转速为_____r/min，对应的频率为_____Hz。

第三段转速为_____r/min，对应的频率为_____Hz。

第四段转速为_____r/min，对应的频率为_____Hz。

第五段转速为_____r/min，对应的频率为_____Hz。

（1）写出变频器设置参数清单。

（2）给定电压为_____ V，频率为_____ Hz，转速为_____ r/min。

（3）画出五段速运行的 $n=f(t)$ 曲线图，要求计算有关加减速时间，标明时间坐标和转速坐标值。

（4）排除故障

1）记录故障现象。

2）分析故障原因。

3）找出具体故障点。

3. 评分表

同上题。

应用电子电路装调维修

一、三角波发生器 （试题代码：4.1.1；考核时间：60 min)

1. 试题单

（1）操作条件

1）电子技术鉴定装置一台，专用连接导线若干。

2）双踪示波器一台，信号发生器一台。

3）万用表一个。

4）集成运算放大器、电阻、电容等。

（2）操作内容

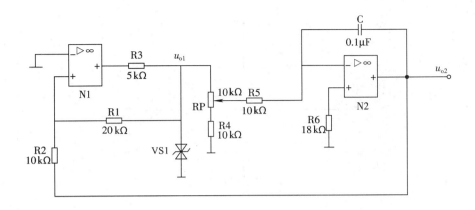

1）首先完成 N1 电路的接线，在运算放大器 N1 的输入端（R2 前）输入频率为 50 Hz、峰值为 6 V 的正弦波。先校验双踪示波器，再用双踪示波器测量并同时显示输入电压 u_i 及输出电压 u_{o1} 的波形，记录传输特性。

2）然后完成全部电路的接线，用双踪示波器同时测量输出电压 u_{o1} 及 u_{o2} 的波形，并记录波形。在波形图中标出波形的幅度和三角波电压上升及下降的时间。向考评员演示电路已达到试题要求。

3）在测量输出电压 u_{o2} 波形时，调节电位器 RP，观察输出电压的波形有何变化，并记录周期调节范围。

4）按要求在此电路上设置一个故障，由考生用仪器判别故障，说明理由并排除故障。

（3）操作要求

1）根据给定的设备、仪器和仪表，在规定时间内完成接线、调试、测量工作。

2）调试过程中一般故障自行解决。

3）接线完成后必须经考评员允许后方可通电调试。

4）安全生产，文明操作。未经允许擅自通电，造成设备损坏者，该项目零分。

2. 答题卷

（1）调试

1）运算放大器 N1 的输入端（R2 前）输入频率为 50 Hz、峰值为 6 V 的正弦波。先校验双踪示波器，再用双踪示波器测量并同时显示输入电压 u_i 及输出电压 u_{o1} 的波形，记录传输特性。

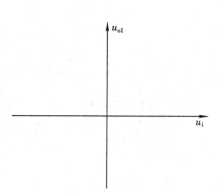

2）用双踪示波器同时测量并记录输出电压 u_{o1}，u_{o2} 波形，在波形图中标出波形幅度和三角波电压上升及下降的时间。

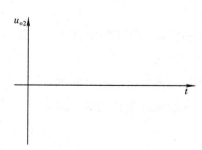

3）在测量输出电压 u_{o2} 波形时，调节电位器 RP，观察输出电压的波形有何变化。记录周期调节范围：$T=$ _____～_____ 。

（2）排除故障

1）记录故障现象。

2）分析故障原因。

3）找出具体故障点。

3. 评分表

试题代码及名称				4.1.1　三角波发生器	考核时间				60 min
评价要素	配分	等级		评分细则	评定等级				得分
					A	B	C	D	E
否决项				未经允许擅自通电，造成设备损坏者，该项目记为零分					
1 按电路图进行接线安装	4	A		接线正确，安装规范					
		B		接线安装错 1 次（在排除元件损坏及接触不良的情况下，通电 1 次达不到考核要求，属接线错 1 次）或一端出现 3 根以上接线现象					
		C		接线安装错 2 次					
		D		接线安装错 3 次及以上					
		E		未答题					
2 示波器使用	2	A		正确校验和使用示波器，且操作思路清晰、步骤正确，波形稳定清晰					
		B		使用示波器步骤有错，波形不稳定，或示波器使用不会数显读数，或考生不能按试题要求用双踪同时测量相关波形					
		C		示波器操作出错 2 处					
		D		示波器操作出错 3 处及以上					
		E		未答题					
3 通电调试	6	A		通电调试电路达到考核功能的要求					
		B		通电调试第二次向考评员演示，电路达到考核功能的要求					
		C		通电调试第三次向考评员演示，电路达到考核功能的要求					
		D		通电调试第四次及以上向考评员演示，或通电调试达不到考核功能，或不会调试					
		E		未答题					

续表

试题代码及名称				4.1.1　三角波发生器		考核时间			60 min
评价要素		配分	等级	评分细则	评定等级				得分
					A	B	C	D	E

序号	评价要素	配分	等级	评分细则	A	B	C	D	E	得分
4	记录波形	6	A	实测波形并绘制，记录传输特性、u_{o1}、u_{o2} 的波形及周期调节范围完全正确						
			B	实测波形并绘制或记录传输特性、u_{o1}、u_{o2} 的波形及周期调节范围错 1 处						
			C	实测波形并绘制或记录传输特性、u_{o1}、u_{o2} 的波形及周期调节范围错 2 处						
			D	实测波形并绘制或记录传输特性、u_{o1}、u_{o2} 的波形及周期调节范围错 3 处及以上						
			E	未答题						
5	排除故障	5	A	故障检查方法、原因分析及位置判断都正确						
			B	故障点判断正确，检查方法或原因分析欠妥						
			C	故障点判断正确，检查方法正确，但原因分析错误						
			D	故障点判断错误，或排除故障方法错误						
			E	未答题						
6	安全生产，无事故发生	2	A	安全文明生产，符合操作规程						
			B	未穿电工鞋						
			C	—						
			D	未经允许擅自通电，但未造成设备损坏或在操作过程中烧断熔断器						
			E	未答题						
	合计配分	25		合计得分						

注：阴影处为否决项。

等级	A（优）	B（良）	C（及格）	D（较差）	E（差或缺考）
比值	1.0	0.8	0.6	0.2	0

"评价要素"得分＝配分×等级比值。

二、正弦波、方波、三角波发生器（试题代码：4.1.2；考核时间：60 min）

1．试题单

（1）操作条件

1）电子技术鉴定装置一台，专用连接导线若干。

2）双踪示波器一台。

3）万用表一个。

4）集成运算放大器、电阻、电容等。

（2）操作内容

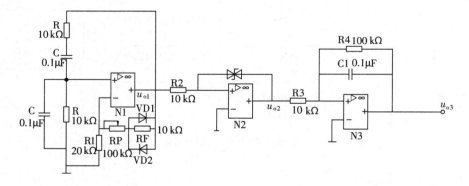

1）首先完成正弦波发生电路的接线。通电调试时，先校验双踪示波器，再用双踪示波器测量并记录其输出波形 u_{o1}，标明幅值及周期。

2）然后完成全部电路的接线。通电调试时，用双踪示波器同时测量并记录其输出波形 u_{o2}，u_{o3}，标明幅值。向考评员演示电路已达到试题要求。

3）按要求在此电路上设置一个故障，由考生用仪器判别故障，说明理由并排除故障。

（3）操作要求

1）根据给定的设备、仪器和仪表，在规定时间内完成接线、调试、测量工作。

2）调试过程中一般故障自行解决。

3）接线完成后必须经考评员允许后方可通电调试。

4）安全生产，文明操作。未经允许擅自通电，造成设备损坏者，该项目零分。

2. 答题卷

（1）调试

1）正弦波发生电路的调试，先校验双踪示波器，再用双踪示波器测量并记录其输出波形 u_{o1}，标明幅值及周期。

2）完成全部电路的接线、通电调试，用双踪示波器同时测量并记录其输出波形 u_{o2}，u_{o3}，标明幅值。

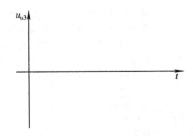

（2）排除故障

1）记录故障现象。

2）分析故障原因。

3）找出具体故障点。

3. 评分表

试题代码及名称			4.1.2　正弦波、方波、三角波发生器						考核时间		60 min
评价要素	配分	等级	评分细则						评定等级		得分
				A	B	C	D	E			
否决项			未经允许擅自通电，造成设备损坏者，该项目记为零分								
1　按电路图进行接线安装	4	A	接线正确，安装规范								
		B	接线安装错 1 次（在排除元件损坏及接触不良的情况下，通电 1 次达不到考核要求，属接线错 1 次）或一端出现 3 根以上接线现象								
		C	接线安装错 2 次								
		D	接线安装错 3 次及以上								
		E	未答题								

试题代码及名称			4.1.2　正弦波、方波、三角波发生器		考核时间				60 min	
评价要素		配分	等级	评分细则	评定等级					得分
					A	B	C	D	E	
2	示波器使用	2	A	正确校验和使用示波器，且操作思路清晰、步骤正确，波形稳定清晰						
			B	使用示波器步骤有错，波形不稳定，或示波器使用不会数显读数，或考生不能按试题要求用双踪同时测量相关波形						
			C	示波器操作出错2处						
			D	示波器操作出错3处及以上						
			E	未答题						
3	通电调试	6	A	通电调试电路达到考核功能的要求						
			B	通电调试第二次向考评员演示，电路达到考核功能的要求						
			C	通电调试第三次向考评员演示，电路达到考核功能的要求						
			D	通电调试第四次及以上向考评员演示，或通电调试达不到考核功能，或不会调试						
			E	未答题						
4	记录波形	6	A	实测波形并绘制，记录 u_{o1}，u_{o2}，u_{o3} 的波形及周期、幅值完全正确						
			B	实测波形并绘制，记录 u_{o1}，u_{o2}，u_{o3} 的波形及周期、幅值错1处						
			C	实测波形并绘制，记录 u_{o1}，u_{o2}，u_{o3} 的波形及周期、幅值错2处						
			D	实测波形并绘制，记录 u_{o1}，u_{o2}，u_{o3} 的波形及周期、幅值错3处及以上						
			E	未答题						
5	排除故障	5	A	故障检查方法、原因分析及位置判断都正确						
			B	故障点判断正确，检查方法或原因分析欠妥						

试题代码及名称			4.1.2 正弦波、方波、三角波发生器		考核时间				60 min	
评价要素	配分	等级	评分细则	评定等级					得分
				A	B	C	D	E	
5	排除故障	5	C	故障点判断正确，检查方法正确，但原因分析错误						
			D	故障点判断错误，或排除故障方法错误						
			E	未答题						
6	安全生产，无事故发生	2	A	安全文明生产，符合操作规程						
			B	未穿电工鞋						
			C	—						
			D	未经允许擅自通电，但未造成设备损坏或在操作过程中烧断熔断器						
			E	未答题						
合计配分		25	合计得分							

注：阴影处为否决项。

等级	A（优）	B（良）	C（及格）	D（较差）	E（差或缺考）
比值	1.0	0.8	0.6	0.2	0

"评价要素"得分＝配分×等级比值。

三、数字定时器（试题代码：4.1.3；考核时间：60 min）

1. 试题单

（1）操作条件

1）电子技术鉴定装置一台，专用连接导线若干。

2）双踪示波器一台。

3）万用表一个。

4）集成芯片（40192，4547，4011）及逻辑开关、电阻、电容等。

（2）操作内容

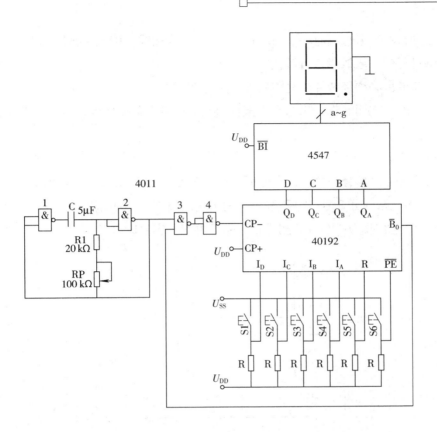

1）首先完成振荡电路的接线。通电调试时，先校验双踪示波器，再用双踪示波器同时测量并记录振荡电路 2 号门电路输入与输出端的波形，标明幅度及周期，并写出 40192 的减法借位端的表达式。

2）然后完成计数、译码、显示部分接线，把振荡信号直接接到 40192 的 CP－输入端（40192 的 CP＋接 U_{DD}），调试电路由预置数开始作减法计数。交换 CP＋，CP－接线使电路作加法计数。

3）最后接好全部电路，使电路具有从预置数开始作减法计数，计数至零即停止计数的定时功能，定时范围为 1～9 个脉冲周期。向考评员演示电路已达到试题要求。

4）按要求在此电路上设置一个故障，由考生用仪器判别故障，说明理由并排除故障。

（3）操作要求

根据给定的设备、仪器和仪表，在规定时间内完成接线、调试、测量工作。

1）调试过程中一般故障自行解决。

2）接线完成后必须经考评员允许后方可通电调试。

3）安全生产，文明操作。未经允许擅自通电，造成设备损坏者，该项目零分。

2. 答题卷

（1）调试

1）完成振荡电路部分的接线。通电调试时，先校验双踪示波器，再用双踪示波器同时测量并记录振荡电路部分 2 号门电路输入与输出端的波形，标明幅度及周期。（如波形无法稳定，可把振荡电容改为 $0.01\ \mu\text{F}$ 测量，测完后再把电容复原。）

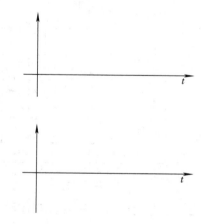

2）写出 40192 的减法借位端的表达式。

（2）排除故障

1）记录故障现象。

2）分析故障原因。

3）找出具体故障点。

3. 评分表

试题代码及名称			4.1.3　数字定时器						考核时间	60 min
评价要素	配分	等级	评分细则	A	B	C	D	E		得分
否决项			未经允许擅自通电，造成设备损坏者，该项目记为零分							
1　按电路图进行接线安装	4	A	接线正确，安装规范							
		B	接线安装错1次（在排除元件损坏及接触不良的情况下，通电1次达不到考核要求，属接线错1次）或一端出现3根以上接线现象							
		C	接线安装错2次							
		D	接线安装错3次及以上							
		E	未答题							

试题代码及名称				4.1.3　数字定时器		考核时间				60 min
评价要素		配分	等级	评分细则	评定等级					得分
					A	B	C	D	E	
2	示波器使用	2	A	正确校验和使用示波器，且操作思路清晰、步骤正确，波形稳定清晰						
			B	使用示波器步骤有错，波形不稳定，或示波器使用不会数显读数，或考生不能按试题要求用双踪同时测量相关波形						
			C	示波器操作出错 2 处						
			D	示波器操作出错 3 处及以上						
			E	未答题						
3	通电调试	6	A	通电调试电路达到考核功能的要求						
			B	通电调试第二次向考评员演示，电路达到考核功能的要求						
			C	通电调试第三次向考评员演示，电路达到考核功能的要求						
			D	通电调试第四次及以上向考评员演示，或通电调试达不到考核功能，或不会调试						
			E	未答题						
4	记录波形	6	A	实测波形并绘制，记录 u_{i2}，u_{o2} 的波形、幅值、周期及写出 40192 的减法借位端的表达式完全正确						
			B	实测波形并绘制，记录 u_{i2}，u_{o2} 的波形、幅值、周期及 40192 的减法借位端的表达式错 1 处						
			C	实测波形并绘制，记录 u_{i2}，u_{o2} 的波形、幅值、周期及 40192 的减法借位端的表达式错 2 处						
			D	实测波形并绘制，记录 u_{i2}，u_{o2} 的波形、幅值、周期及写出 40192 的减法借位端的表达式错 3 处及以上						
			E	未答题						

续表

试题代码及名称				4.1.3　数字定时器	考核时间					60 min
评价要素		配分	等级	评分细则	评定等级					得分
					A	B	C	D	E	
5	排除故障	5	A	故障检查方法、原因分析及位置判断都正确						
			B	故障点判断正确，检查方法或原因分析欠妥						
			C	故障点判断正确，检查方法正确，但原因分析错误						
			D	故障点判断错误，或排除故障方法错误						
			E	未答题						
6	安全生产，无事故发生	2	A	安全文明生产，符合操作规程						
			B	未穿电工鞋						
			C	—						
			D	未经允许擅自通电，但未造成设备损坏或在操作过程中烧断熔断器						
			E	未答题						
合计配分		25		合计得分						

注：阴影处为否决项。

等级	A（优）	B（良）	C（及格）	D（较差）	E（差或缺考）
比值	1.0	0.8	0.6	0.2	0

"评价要素"得分＝配分×等级比值。

四、单脉冲控制移位寄存器（试题代码：4.1.4；考核时间：60 min）

1. 试题单

（1）操作条件

1）电子技术鉴定装置一台，专用连接导线若干。

2）双踪示波器一台。

3）万用表一个。

4）集成芯片（40194，4027，4011，555）及逻辑开关、电阻、电容等。

（2）操作内容

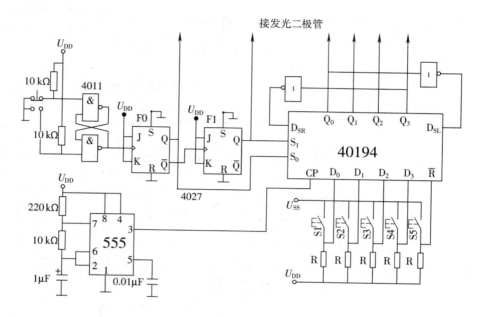

1）首先完成振荡电路的接线。把振荡频率提高 100 倍，先校验双踪示波器，再用双踪示波器测量并记录振荡电路的 Q 端（或 D 端、TH 端）的波形，标明幅值及周期。

2）然后完成单脉冲计数电路的接线，调试单脉冲计数电路，看 4027 组成的二位二进制计数器是否作加法计数。

3）列出 JK 触发器 F1，F0 的状态图，画出把移位寄存器接成右移（或左移）扭环形计数器时 40194 集成块输出端 Q_0，Q_1，Q_2，Q_3 随 CP 脉冲变化的时序图。

4）最后完成全部电路的接线，把振荡信号送到 40194 的 CP 端，使电路能用按钮控制其工作状态，达到停止、右移、左移及并行输入的目的。向考评员演示电路已达到试题要求。

5）按要求在此电路上设置一个故障，由考生用仪器判别故障，说明理由并排除故障。

（3）操作要求

1）根据给定的设备、仪器和仪表，在规定时间内完成接线、调试、测量工作。

2）调试过程中一般故障自行解决。

3）接线完成后必须经考评员允许后方可通电调试。

4）安全生产，文明操作。未经允许擅自通电，造成设备损坏者，该项目零分。

2. 答题卷

（1）调试

1）把振荡频率提高 100 倍，先校验双踪示波器，再用双踪示波器测量并记录振荡电路的 Q 端（或 D 端、TH 端）的波形，标明幅值及周期。

2）列出 JK 触发器 F_1，F_0 的状态图。

3）画出把移位寄存器接成右移（或左移）扭环形计数器时 40194 集成块输出端 Q_0，Q_1，Q_2，Q_3 随 CP 脉冲变化的时序图。

（2）排除故障

1）记录故障现象。

2）分析故障原因。

3）找出具体故障点。

3. 评分表

试题代码及名称			4.1.4 单脉冲控制移位寄存器	考核时间				60 min
评价要素	配分	等级	评分细则	评定等级				得分
				A	B	C	D	E
否决项			未经允许擅自通电，造成设备损坏者，该项目记为零分					
1 按电路图进行接线安装	4	A	接线正确，安装规范					
		B	接线安装错1次（在排除元件损坏及接触不良的情况下，通电1次达不到考核要求，属接线错1次）或一端出现3根以上接线现象					
		C	接线安装错2次					
		D	接线安装错3次及以上					
		E	未答题					
2 示波器使用	2	A	正确校验和使用示波器，且操作思路清晰、步骤正确，波形稳定清晰					
		B	使用示波器步骤有错，波形不稳定，或示波器使用不会数显读数					
		C	示波器操作出错2处					
		D	示波器操作出错3处及以上					
		E	未答题					

试题代码及名称			4.1.4　单脉冲控制移位寄存器						考核时间	60 min
评价要素		配分	等级	评分细则	评定等级					得分
					A	B	C	D	E	
3	通电调试	6	A	通电调试电路达到考核功能的要求						
			B	通电调试第二次向考评员演示，电路达到考核功能的要求						
			C	通电调试第三次向考评员演示，电路达到考核功能的要求						
			D	通电调试第四次及以上向考评员演示，或通电调试达不到考核功能，或不会调试						
			E	未答题						
4	记录波形	6	A	实测波形并绘制，同时状态图、时序图绘制完全正确						
			B	实测波形并绘制，状态图、时序图绘制错1处						
			C	实测波形并绘制，状态图、时序图绘制错2处						
			D	实测波形并绘制明显错多处，或状态图、时序图绘制错3处级以上						
			E	未答题						
5	排除故障	5	A	故障检查方法、原因分析及位置判断都正确						
			B	故障点判断正确，检查方法或原因分析欠妥						
			C	故障点判断正确，检查方法正确，但原因分析错误						
			D	故障点判断错误，或排除故障方法错误						
			E	未答题						

续表

试题代码及名称				4.1.4　单脉冲控制移位寄存器	考核时间				60 min
评价要素	配分	等级	评分细则		评定等级					得分
					A	B	C	D	E	
6	安全生产，无事故发生	2	A	安全文明生产，符合操作规程						
			B	未穿电工鞋						
			C	—						
			D	未经允许擅自通电，但未造成设备损坏或在操作过程中烧断熔断器						
			E	未答题						
合计配分	25		合计得分							

注：阴影处为否决项。

等级	A（优）	B（良）	C（及格）	D（较差）	E（差或缺考）
比值	1.0	0.8	0.6	0.2	0

"评价要素"得分＝配分×等级比值。

五、移位寄存器型环形计数器（试题代码：4.1.5；考核时间：60 min）

1. 试题单

（1）操作条件

1）电子技术鉴定装置一台，专用连接导线若干。

2）双踪示波器一台。

3）万用表一个。

4）集成芯片（40194，4013，4011，555）及逻辑开关、电阻、电容等。

（2）操作内容

1）首先完成振荡电路的接线。把振荡频率提高100倍，先校验双踪示波器，再用双踪示波器测量并记录振荡电路的Q端（或D端、TH端）的波形，标明幅值及周期。

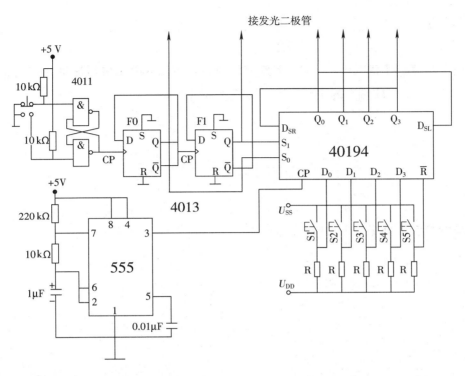

2）然后完成单脉冲计数电路的接线，调试单脉冲计数电路，看 4013 组成的二位二进制计数器是否作加法计数。

3）画出 D 触发器 F_1，F_0 的时序图，记录 S_1，S_0 与移位寄存器工作状态之间的关系。

4）最后接好全部电路，把振荡信号送到 40194 的 CP 端，使电路能用按钮控制其工作状态，达到停止、并行输入，并且在有效状态下进行右移和左移。向考评员演示电路已达到试题要求。

5）按要求在此电路上设置一个故障，由考生用仪器判别故障，说明理由并排除故障。

（3）操作要求

1）根据给定的设备、仪器和仪表，在规定时间内完成接线、调试、测量工作。

2）调试过程中一般故障自行解决。

3）接线完成后必须经考评员允许后方可通电调试。

4）安全生产，文明操作。未经允许擅自通电，造成设备损坏者，该项目零分。

2. 答题卷

（1）调试

1）把振荡频率提高 100 倍，先校验双踪示波器，再用双踪示波器测量并记录振荡电路的 Q 端（或 D 端、TH 端）的波形，标明幅值及周期。

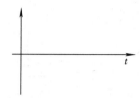

2）画出 D 触发器 F_1，F_0 的时序图。

3）记录 S_1，S_0 与移位寄存器工作状态之间的关系。

（2）排除故障

1）记录故障现象。

2）分析故障原因。

3）找出具体故障点。

3. 评分表

试题代码及名称			4.1.5　移位寄存器型环形计数器	考核时间				60 min
评价要素	配分	等级	评分细则	评定等级				得分
				A	B	C	D	E
否决项			未经允许擅自通电，造成设备损坏者，该项目记为零分					
1　按电路图进行接线安装	4	A	接线正确，安装规范					
		B	接线安装错 1 次（在排除元件损坏及接触不良的情况下，通电 1 次达不到考核要求，属接线错 1 次）或一端出现 3 根以上接线现象					
		C	接线安装错 2 次					
		D	接线安装错 3 次及以上					
		E	未答题					
2　示波器使用	2	A	正确校验和使用示波器，且操作思路清晰、步骤正确，波形稳定清晰					
		B	使用示波器步骤有错，波形不稳定，或示波器使用不会数显读数					
		C	示波器操作出错 2 处					

续表

试题代码及名称			4.1.5 移位寄存器型环形计数器			考核时间			60 min
评价要素	配分	等级	评分细则	评定等级					得分
				A	B	C	D	E	
2 示波器使用	2	D	示波器操作出错3处及以上						
		E	未答题						
3 通电调试	6	A	通电调试电路达到考核功能的要求						
		B	通电调试第二次向考评员演示，电路达到考核功能的要求						
		C	通电调试第三次向考评员演示，电路达到考核功能的要求						
		D	通电调试第四次及以上向考评员演示，或通电调试达不到考核功能，或不会调试						
		E	未答题						
4 记录波形	6	A	实测波形并绘制，记录 S_1，S_0 与移位寄存器工作状态之间的关系，以及时序图绘制完全正确						
		B	实测波形并绘制，记录 S_1，S_0 与移位寄存器工作状态之间的关系，或时序图绘制错1处						
		C	实测波形并绘制，记录 S_1，S_0 与移位寄存器工作状态之间的关系，或时序图绘制错2处						
		D	实测波形并绘制明显错多处，记录 S_1，S_0 与移位寄存器工作状态之间的关系、时序图绘制错3处级以上						
		E	未答题						
5 排除故障	5	A	故障检查方法、原因分析及位置判断都正确						
		B	故障点判断正确，检查方法或原因分析欠妥						
		C	故障点判断正确，检查方法正确，但原因分析错误						

续表

试题代码及名称			4.1.5 移位寄存器型环形计数器	考核时间				60 min
评价要素	配分	等级	评分细则	评定等级				得分
				A	B	C	D	E

	评价要素	配分	等级	评分细则
5	排除故障	5	D	故障点判断错误,或排除故障方法错误
			E	未答题
6	安全生产,无事故发生	2	A	安全文明生产,符合操作规程
			B	未穿电工鞋
			C	—
			D	未经允许擅自通电,但未造成设备损坏或在操作过程中烧断熔断器
			E	未答题
	合计配分	25		合计得分

注:阴影处为否决项。

等级	A(优)	B(良)	C(及格)	D(较差)	E(差或缺考)
比值	1.0	0.8	0.6	0.2	0

"评价要素"得分＝配分×等级比值。

六、带电感负载的三相半波可控整流电路 (试题代码：4.2.1；考核时间：60 min)

1. 试题单

(1) 操作条件

1) 带有三相交流电源的电力电子鉴定装置一台及专用连接导线若干。

2) 双踪示波器一台。

3) 电阻-电感负载箱。

(2) 操作内容

1) 按图要求在电力电子鉴定装置上完成接线工作。

2) 测定交流电源的相序,正确选择"单脉冲"或"双脉冲",调节偏移电压 U_b,确定脉冲的初始相位,然后调节控制电压 U_c,使控制角 α 从 90°～0°变化,输出直流电压 u_d 从 0 到最大值变化。用示波器观察当控制角 α 变化时,输出直流电压 u_d 的波形。要求输出直流

235

电压 u_d 不缺相，波形整齐，并向考评员演示。

3）用示波器测量并画出 $\alpha = 15°$，$30°$，$45°$，$60°$，$75°$（抽选其中之一，下同）时的输出直流电压 U_d 波形，晶闸管触发电路功放管集电极 u_{P1}，u_{P3}，u_{P5} 波形，晶闸管两端电压 u_{VT1}，u_{VT3}，u_{VT5} 波形，及同步电压 u_{sa}，u_{sb}，u_{sc} 波形。

4）按要求在此电路上设置一个故障，由考生判别故障，说明理由并排除故障。

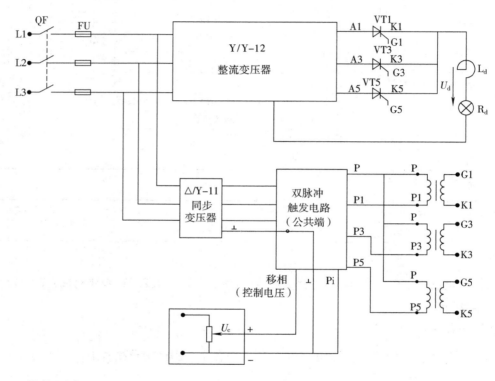

（3）操作要求

1）根据给定的设备、仪器和仪表，在规定时间内完成接线、调试、测量工作。

2）调试过程中一般故障自行解决。

3）接线完成后必须经考评员允许后方可通电调试。

4）安全生产，文明操作。未经允许擅自通电，造成设备损坏者，该项目零分。

2. 答题卷

（1）测量并画出 $\alpha = 15°$，$30°$，$45°$，$60°$，$75°$（抽选其中之一，下同）时的输出直流电

压 U_d 波形，晶闸管触发电路功放管集电极 u_{P1}，u_{P3}，u_{P5} 波形，晶闸管两端电压 u_{VT1}，u_{VT3}，u_{VT5} 波形，及同步电压 u_{sa}，u_{sb}，u_{sc} 波形。

1）在波形图上标齐电源相序，画出输出直流电压 U_d 的波形。

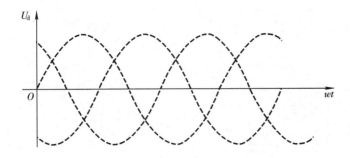

2）晶闸管触发电路功放管集电极 $u_{P\_}$ 波形。

3）在波形图上标齐电源相序，画出晶闸管两端电压 $u_{VT\_}$ 波形。

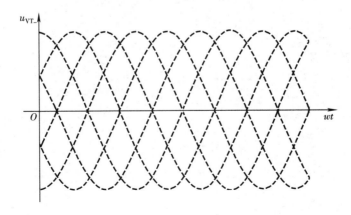

4）同步电压 $u_{s\_}$ 波形。

（2）排除故障

1）记录故障现象。

2）分析故障原因。

3）找出具体故障点。

3. 评分表

试题代码及名称			4.2.1　带电感负载的三相半波可控整流电话	考核时间					60 min
评价要素	配分	等级	评分细则	评定等级					得分
				A	B	C	D	E	
否决项			未经允许擅自通电，造成设备损坏者，该项目记为零分						
1　按电路图进行接线安装	4	A	接线正确，安装规范，主电路与控制电路导线能区分、安全座配安全插头						
		B	接线安装错 1 次，或主电路与控制电路导线未区分，或安全座未配安全插头，或 1 个接线柱上接头超过 2 个						
		C	接线安装错 2 次						
		D	接线安装错 3 次及以上						
		E	未答题						
2　示波器使用（此项考生不允许弃权）	2	A	正确校验和使用示波器，且操作思路清晰、步骤正确，波形稳定清晰						
		B	使用示波器步骤有错，波形不稳定						
		C	示波器操作出错 2 处						
		D	示波器操作出错 3 处及以上						
		E	未答题						
3　通电调试	6	A	通电调试步骤和停机步骤均正确，结果与试题要求一致						
		B	调试步骤和方法正确，但脉冲初始相位大小有偏差，或调试时主、控开关不分，或停机步骤出错						
		C	调试步骤与方法基本正确，但演示结果有较大误差						
		D	能通电调试，但不能确定脉冲初始相位或确定的初始相位错						
		E	未答题						

续表

试题代码及名称				4.2.1 带电感负载的三相半波可控整流电路	考核时间					60 min
评价要素		配分	等级	评分细则	评定等级					得分
					A	B	C	D	E	
4	记录波形	6	A	波形测绘正确，电源相序标号齐全且正确						
			B	某一波形图的电源相序不标或标错，或某一波形局部画错或漏画，或某一波形相位未对齐或有错						
			C	一个波形完全错误，或两个波形图局部有错						
			D	两个波形及以上完全错误						
			E	未答题						
5	排除故障	5	A	排除故障，且故障检查方法和故障原因分析均正确						
			B	排除故障，故障检查方法正确，故障原因分析不够完整						
			C	能排除故障，故障检查方法基本正确，但故障原因分析不正确						
			D	不能排除故障或故障检查方法不正确，如在电路通电时采用导线短接或用万用表电阻挡测量等						
			E	未答题						
6	安全生产，无事故发生	2	A	安全文明生产，符合操作规程						
			B	未穿电工鞋						
			C	—						
			D	未经允许擅自通电，但未造成设备损坏或在操作过程中烧断熔断器						
			E	未答题						
合计配分		25		合计得分						

注：阴影处为否决项。

等级	A（优）	B（良）	C（及格）	D（较差）	E（差或缺考）
比值	1.0	0.8	0.6	0.2	0

"评价要素"得分＝配分×等级比值。

七、共阳极接法的三相半波可控整流电路（试题代码：4.2.2；考核时间：60 min）

1. 试题单

（1）操作条件

1）带有三相交流电源的电力电子鉴定装置一台及专用连接导线若干。

2）双踪示波器一台。

3）电阻-电感负载箱。

（2）操作内容

1）按图要求在电力电子鉴定装置上完成接线工作。

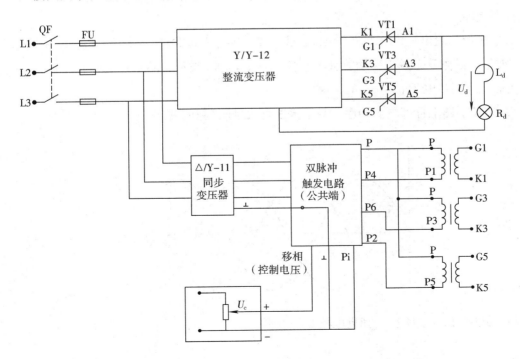

2）测定交流电源的相序，正确选择"单脉冲"或"双脉冲"，调节偏移电压 U_b，确定脉冲的初始相位，然后调节控制电压 U_c，使控制角 α 从 90°～0°变化，输出直流电压 u_d 从 0 到最大值变化。用示波器观察当控制角 α 变化时，输出直流电压 u_d 的波形。要求输出直流电压 u_d 不缺相，波形整齐，并向考评员演示。

3）用示波器测量并画出 $\alpha=15°$，30°，45°，60°，75°（抽选其中之一，下同）时的输出直流电压 U_d 波形，晶闸管触发电路功放管集电极 u_{P4}，u_{P6}，u_{P2} 波形，晶闸管两端电压 u_{VT1}，u_{VT3}，u_{VT5} 波形，及同步电压 u_{sa}，u_{sb}，u_{sc} 波形。

4）按要求在此电路上设置一个故障，由考生判别故障，说明理由并排除故障。

（3）操作要求

1）根据给定的设备、仪器和仪表，在规定时间内完成接线、调试、测量工作。

2）调试过程中一般故障自行解决。

3）接线完成后必须经考评员允许后方可通电调试。

4）安全生产，文明操作。未经允许擅自通电，造成设备损坏者，该项目零分。

2. 答题卷

（1）测量并画出 $\alpha=15°$，30°，45°，60°，75°（抽选其中之一，下同）时的输出直流电压 U_d 波形，晶闸管触发电路功放管集电极 u_{P4}，u_{P6}，u_{P2} 波形，晶闸管两端电压 u_{VT1}，u_{VT3}，u_{VT5} 波形，及同步电压 u_{sa}，u_{sb}，u_{sc} 波形。

1）在波形图上标齐电源相序，画出输出直流电压 U_d 的波形。

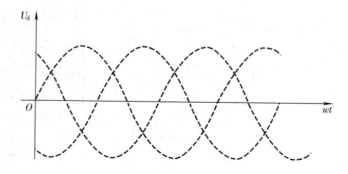

2）晶闸管触发电路功放管集电极 $U_{P\_}$ 波形。

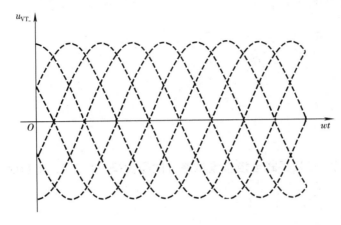

3）在波形图上标齐电源相序，画出晶闸管两端电压 $u_{VT\_}$ 波形。

4）同步电压 $u_{s\_}$ 波形。

（2）排除故障

1）记录故障现象。

2）分析故障原因。

3）找出具体故障点。

3. 评分表

同上题。

八、带电感负载的三相桥式全控整流电路（试题代码：4.2.3；考核时间：60 min）

1. 试题单

（1）操作条件

1）带有三相交流电源的电力电子鉴定装置一台及专用连接导线若干。

2）双踪示波器一台。

3）电阻-电感负载箱。

（2）操作内容

1）按图要求在电力电子鉴定装置上完成接线工作。

2）测定交流电源的相序，按要求正确选择"单脉冲"或"双脉冲"，调节偏移电压 U_b，确定脉冲的初始相位，然后调节控制电压 U_c，使控制角 α 从 90°～0°变化，输出直流电压 U_d 从 0 到最大值变化。用示波器观察当控制角 α 变化时，输出直流电压 U_d 的波形。要求输出直流电压 U_d 不缺相、波形整齐，并向考评员演示。

3）用示波器测量并画出 $\alpha=30°$，45°，60°，75°（抽选其中之一，下同）时的输出直流电压 U_d 的波形，晶闸管触发电路功放管集电极电压 u_{P1}，u_{P2}，u_{P3}，u_{P4}，u_{P5}，u_{P6} 波形，晶闸管两端电压 u_{VT1}，u_{VT2}，u_{VT3}，u_{VT4}，u_{VT5}，u_{VT6} 波形，及同步电压 u_{sa}，u_{sb}，u_{sc} 波形。

4）按要求在此电路上设置一个故障，由考生判别故障，说明理由并排除故障。

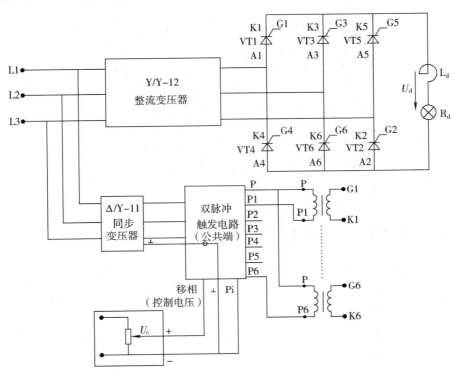

（3）操作要求

1）根据给定的设备、仪器和仪表，在规定时间内完成接线、调试、测量工作。

2）调试过程中一般故障自行解决。

3）接线完成后必须经考评员允许后方可通电调试。

4）安全生产，文明操作。未经允许擅自通电，造成设备损坏者，该项目零分。

2. 答题卷

（1）测量并画出 $\alpha = 30°$，$45°$，$60°$，$75°$（抽选其中之一，下同）时的输出直流电压 U_d 的波形，晶闸管触发电路功放管集电极电压 u_{P1}，u_{P2}，u_{P3}，u_{P4}，u_{P5}，u_{P6} 波形，晶闸管两端电压 u_{VT1}，u_{VT2}，u_{VT3}，u_{VT4}，u_{VT5}，u_{VT6} 波形，及同步电压 u_{sa}，u_{sb}，u_{sc} 波形。

1）在波形图上标齐电源相序，画出输出直流电压 U_d 的波形。

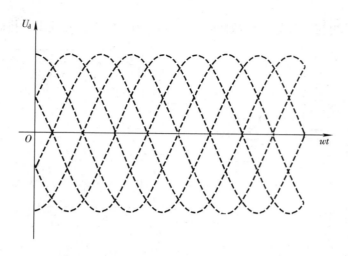

2）晶闸管触发电路功放管集电极 $u_{P\_}$ 波形。

3）在波形图上标齐电源相序，画出晶闸管两端电压 $u_{VT\_}$ 波形。

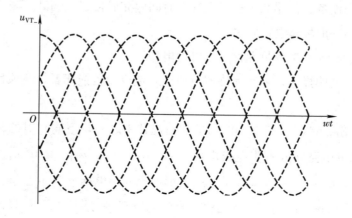

4）同步电压 u_{s-} 波形。

（2）排除故障

1）记录故障现象。

2）分析故障原因。

3）找出具体故障点。

3. 评分表

同上题。

九、双反星形可控整流电路（试题代码：4.2.5；考核时间：60 min）

1. 试题单

（1）操作条件

1）带有三相交流电源的电力电子鉴定装置一台及专用连接导线若干。

2）双踪示波器一台。

3）电阻-电感负载箱。

4）平衡电抗器一个。

（2）操作内容

1）按图要求在电力电子鉴定装置上完成接线工作。

2）测定交流电源的相序，按要求正确选择"单脉冲"或"双脉冲"，调节偏移电压 U_b，确定脉冲的初始相位，然后调节控制电压 U_c，使控制角 α 从 90°～0°变化，输出直流电压 U_d 从 0 到最大值变化。用示波器观察当控制角 α 变化时，输出直流电压 U_d 的波形。要求输出直流电压 U_d 不缺相，波形整齐，并向考评员演示。

3）用示波器测量并画出 $\alpha=15°$，30°，45°，60°（抽选其中之一，下同）时的晶闸管触发电路功放管集电极电压 u_{P1}，u_{P2}，u_{P3}，u_{P4}，u_{P5}，u_{P6} 波形，晶闸管两端电压 u_{VT1}，u_{VT2}，u_{VT3}，u_{VT4}，u_{VT5}，u_{VT6} 波形，及主电路电源电压 u_{A1N1}，u_{A3N1}，u_{A5N1}，u_{A4N2}，u_{A6N2}，u_{A2N2} 波形，同步电压 u_{sa}，u_{sb}，u_{sc} 波形。

4）按要求在此电路上设置一个故障，由考生判别故障，说明理由并排除故障。

（3）操作要求

1）根据给定的设备、仪器和仪表，在规定时间内完成接线、调试、测量工作。

2）调试过程中一般故障自行解决。

3）接线完成后必须经考评员允许后方可通电调试。

4）安全生产，文明操作。未经允许擅自通电，造成设备损坏者该项目零分。

2. 答题卷

（1）测量并画出 $\alpha=15°$，30°，45°，60°（抽选其中之一，下同）时的晶闸管触发电路功放管集电极电压 u_{P1}，u_{P2}，u_{P3}，u_{P4}，u_{P5}，u_{P6} 波形，晶闸管两端电压 u_{VT1}，u_{VT2}，u_{VT3}，u_{VT4}，u_{VT5}，u_{VT6} 波形，及主电路电源电压 u_{A1N1}，u_{A3N1}，u_{A5N1}，u_{A4N2}，u_{A6N2}，u_{A2N2} 波形，

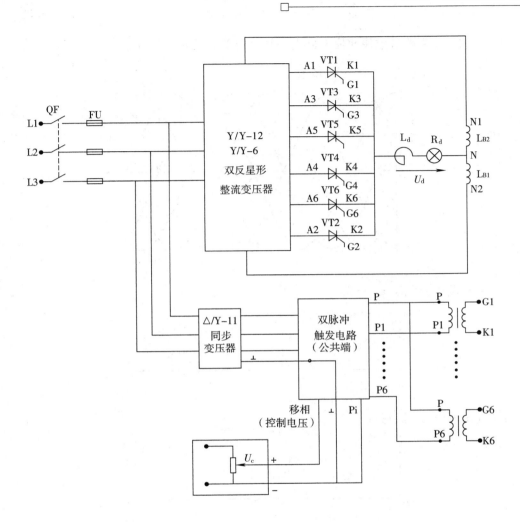

同步电压 u_{sa}，u_{sb}，u_{sc} 波形。

1）晶闸管触发电路功放管集电极 $u_{P\_}$ 波形。

2）在波形图上标齐电源相序，画出晶闸管两端电压 $u_{VT\_}$ 波形。

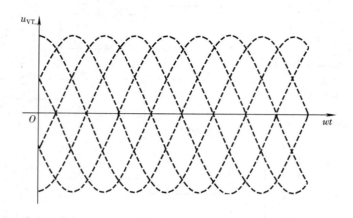

3）主电路电源电压 $u_{\_}$ 波形。

4）同步电压 $u_{s\_}$ 波形。

（2）排除故障

1）记录故障现象。

2）分析故障原因。

3）找出具体故障点。

3. 评分表

同上题。

第5部分

理论知识考试模拟试卷及答案

电工（三级）理论知识试卷

注 意 事 项

1. 考试时间：90 min。

2. 请首先按要求在试卷的标封处填写您的姓名、准考证号和所在单位的名称。

3. 请仔细阅读各种题目的回答要求，在规定的位置填写您的答案。

4. 不要在试卷上乱写乱画，不要在标封区填写无关的内容。

	一	二	三	总分
得分				

得分	
评分人	

一、判断题（第 1 题～第 40 题。将判断结果填入括号中。正确的填"√"，错误的填"×"。每题 0.5 分，满分 20 分）

1. 具有反馈元件的放大电路即为反馈放大电路。 （ ）

2. 负反馈放大电路产生低频自激振荡的原因是多级放大器的附加相移大。 （ ）

3. 由于集成运算放大器是直接耦合的放大电路，因此只能放大直流信号，不能放大交

流信号。　　　　　　　　　　　　　　　　　　　　　　　　　　　（　　）

4. 集成运算放大器工作在线性区时，必须加入负反馈。　　　　　（　　）

5. 数字电路处理的信息是二进制数码。　　　　　　　　　　　　（　　）

6. 编码器的特点是在任一时刻只有一个输入有效。　　　　　　　（　　）

7. 计数脉冲引至所有触发器的 CP 端，使应翻转的触发器同时翻转，称同步计数器。　　　　　　　　　　　　　　　　　　　　　　　　　　　　　（　　）

8. 555 定时器可以用外接控制电压来改变翻转电平。　　　　　　（　　）

9. 减小电容 C 的容量，可提高 RC 环形振荡器的振荡频率。　　　（　　）

10. 由于电力二极管是垂直导电结构，使得硅片中通过电流的有效面积增大，所以与信息电子电路中的二极管相比其通流能力提高。　　　　　　　　　　（　　）

11. 三相半波可控整流电路带阻性负载时，若触发脉冲（单窄脉冲）加于自然换相点之前，则输出电压波形将出现缺相现象。　　　　　　　　　　　　　（　　）

12. 三相桥式全控整流电路中，输出电压的脉动频率为 150 Hz。　（　　）

13. 带平衡电抗器双反星形可控整流电路带电感负载时，任何时刻都有两个晶闸管同时导通。　　　　　　　　　　　　　　　　　　　　　　　　　　　（　　）

14. 单结晶体管产生的触发脉冲是尖脉冲，主要用于驱动小功率晶闸管。（　　）

15. 晶闸管触发电路一般由同步移相、脉冲形成、脉冲放大、输出等基本环节组成。　　　　　　　　　　　　　　　　　　　　　　　　　　　　　　（　　）

16. 在分析晶闸管三相有源逆变电路的波形时，逆变角的大小是从自然换相点开始向左计算的。　　　　　　　　　　　　　　　　　　　　　　　　　　　（　　）

17. 双向晶闸管有四种触发方式，其中Ⅲ+触发方式的触发灵敏度最低，尽量不用。　　　　　　　　　　　　　　　　　　　　　　　　　　　　　　（　　）

18. 电路中触头的串联关系可用逻辑与，即逻辑乘（·）的关系表达；触头的并联关系可用逻辑或，即逻辑加（＋）的关系表达。　　　　　　　　　　　（　　）

19. X62W 铣床工作台作左右进给运动时，十字操作手柄必须置于中间零位以解除工作台横向进给、纵向进给和上下移动之间的互锁。　　　　　　　　　（　　）

20. 调速范围是指电动机在空载情况下，电动机的最高转速和最低转速之比。（　　）

21. 静差率与机械特性硬度以及理想空载转速有关，机械特性越硬，静差率越大。

（　　）

22. 转速负反馈有静差调速系统中，转速调节器采用比例积分调节器。　　（　　）

23. 在转速负反馈直流调速系统中，当负载增加以后转速下降，可通过负反馈环节的调节作用使转速有所回升。系统调节前后，电动机电枢电压将增大。　　（　　）

24. 闭环调速系统的静特性表示闭环系统电动机转速与电流（或转矩）的动态关系。

（　　）

25. 转速、电流双闭环调速系统在突加给定电压启动过程中第一、第二阶段，转速调节器处于饱和状态。　　（　　）

26. 转速、电流双闭环调速系统在突加负载时，转速调节器和电流调节器两者均参与调节作用，但转速调节器 ASR 处于主导作用。　　（　　）

27. 转速、电流双闭环直流调速系统稳态运行时，转速调节器的输入偏差电压为零。

（　　）

28. 晶闸管变流可逆装置中出现的"环流"是一种有害的不经过电动机的电流，必须想办法减少或将它去掉。　　（　　）

29. 变频调速时，若保持电动机定子供电电压不变，仅改变其频率进行变频调速，将引起磁通的变化，出现励磁不足或励磁过强的现象。　　（　　）

30. PWM 型逆变器通过改变脉冲移相来改变逆变器输出电压幅值的大小。　（　　）

31. 可编程控制器的型号能反映出该机的基本特征。　　（　　）

32. PLC 的继电器输出适用于要求高速通断、快速响应的工作场合。　　（　　）

33. PLC 的双向晶闸管适用于要求高速通断、快速响应的交流负载工作场合。　（　　）

34. PLC 中 T 是实现断电延时操作的指令，输入由 ON 变为 OFF 时，定时器开始定时，当定时器的输入为 OFF 或电源断开时，定时器复位。　　（　　）

35. PLC 梯形图中，串联块的并联连接指的是梯形图中由若干接点并联所构成的电路。

（　　）

36. PLC 的梯形图是由继电器接触控制线路演变来的。　　（　　）

37. 连续写 STL 指令表示并行汇合，STL 指令最多可连续使用无限次。　（　　）

38. 功能指令主要由功能指令助记符和操作元件两大部分组成。　　　　　（　　）

39. 选择可编程序控制器的原则是价格越低越好。　　　　　　　　　　　（　　）

40. FX2N 可编程序控制器面板上"RUN"指示灯点亮，表示 PLC 正常运行。（　　）

得分	
评分人	

二、单项选择题（第 1 题～第 120 题。选择一个正确的答案，将相应的字母填入题内的括号中。每题 0.5 分，满分 60 分）

1. 若引回的反馈信号与输入信号比较使净输入信号（　　），则称这种反馈为负反馈。

    A. 增大　　　　　　　　B. 减小　　　　　　　　C. 不变　　　　　　　　D. 略增大

2. 采用交流负反馈既可提高放大倍数的稳定性，又可（　　）。

    A. 增大放大倍数　　　　　　　　　　　B. 减小放大倍数

    C. 增大输入电阻　　　　　　　　　　　D. 减小输出电阻

3. 关于直流负反馈的说法正确的是（　　）。

    A. 能扩展通频带　　　　　　　　　　　B. 能抑制噪声

    C. 能减小放大倍数　　　　　　　　　　D. 能稳定静态工作点

4. 负反馈放大电路的闭环放大倍数为（　　）。

    A. $\dot{A}_f = \dot{A}/(1 + \dot{A}_f)$　　　　　　　B. $\dot{A}_f = \dot{A}(\dot{A} + \dot{A}_f)$

    C. $\dot{A}_f = 1/\dot{F}$　　　　　　　　　　　D. $\dot{A}_f = \dot{F}$

5. 负反馈对放大电路性能的改善与反馈深度（　　）。

    A. 有关　　　　　　　　　　　　　　　B. 无关

    C. 由串并联形式决定　　　　　　　　　D. 由电压电流形式决定

6. 消除因电源内阻引起的低频自激振荡的方法是（　　）。

    A. 减小发射极旁路电容　　　　　　　　B. 电源采用去耦电路

    C. 增加级间耦合电容　　　　　　　　　D. 采用高频管

7. 集成运算放大器的中间级采用（　　）。

    A. 共基接法　　　　　　　　　　　　　B. 共集接法

    C. 共射接法　　　　　　　　　　　　　D. 差分接法

8. 在反相比例运算放大电路中，当反馈电阻 RF 减小时，该放大电路的（　　）。

    A. 频带变宽、稳定性降低　　　　　　B. 频带变宽、稳定性提高

    C. 频带不变、稳定性提高　　　　　　D. 频带不变、稳定性降低

9. 以下集成运算放大器电路中，处于非线性工作状态的是（　　）。

    A. 反相比例放大电路　　　　　　　　B. 同相比例放大电路

    C. 同相电压跟随器　　　　　　　　　D. 滞回比较器

10. 若在反相型过零电平比较器输入端加入一个正弦波，则其输出信号为（　　）。

    A. 正弦波　　　　　B. 方波　　　　　C. 三角波　　　　　D. 锯齿波

11. 若电路的输出与各输入量的状态之间有着一一对应的关系，则此电路是（　　）。

    A. 组合逻辑电路　　　B. 时序逻辑电路　　　C. 逻辑电路　　　　D. 门电路

12. 二进制是以 2 为基数的进位数制，一般用字母（　　）表示。

    A. H　　　　　　　B. B　　　　　　　C. A　　　　　　　D. O

13. 十六进制数 FFH 转换为十进制数为（　　）。

    A. 1515　　　　　B. 225　　　　　　C. 255　　　　　　D. 256

14. 对于与门来讲，其输入-输出关系为（　　）。

    A. 有 1 出 0　　　　B. 有 0 出 1　　　　C. 全 1 出 1　　　　D. 全 1 出 0

15. 若将一个 TTL 异或门（输入端为 A，B）当作反相器使用，则 A，B 端应（　　）。

    A. A 或 B 有一个接 1　　　　　　　　B. A 或 B 有一个接 0

    C. A 和 B 并联使用　　　　　　　　　D. 不能实现

16. 由函数式 $Y=A/B+BC$ 可知，只要 $A=0$，$B=1$，输出 Y 就（　　）。

    A. 等于 0　　　　　　　　　　　　　B. 等于 1

    C. 不一定，要由 C 值决定　　　　　D. 等于 BC

17. 以下表达式中符合逻辑运算法则的是（　　）。

    A. $C \cdot C=C^2$　　　B. $1+1=10$　　　C. $0<1$　　　D. $A+1=1$

18. 已知 $Y=A+BC$，则下列说法正确的是（　　）。

    A. 当 $A=0$，$B=1$，$C=0$ 时，$Y=1$

    B. 当 $A=0$，$B=0$，$C=1$ 时，$Y=1$

C. 当 $A=1$，$B=0$，$C=0$ 时，$Y=1$

D. 当 $A=1$，$B=0$，$C=0$ 时，$Y=0$

19. 在四变量卡诺图中，逻辑上不相邻的一组最小项为（　　　）。

　　A. $m1$ 与 $m3$　　　　B. $m4$ 与 $m6$　　　　C. $m5$ 与 $m13$　　　　D. $m2$ 与 $m8$

20. 下列说法正确的是（　　　）。

　　A. 双极型数字集成门电路是以场效应管为基本器件构成的集成电路

　　B. TTL 逻辑门电路是以晶体管为基本器件构成的集成电路

　　C. CMOS 集成门电路集成度高，但功耗较高

　　D. TTL 逻辑门电路和 CMOS 集成门电路不能混合使用

21. 已知 TTL 与非门电源电压为 5 V，则它的输出高电平 U_{OH}=（　　　）V。

　　A. 3.6　　　　　　　B. 0　　　　　　　　C. 1.4　　　　　　　D. 5

22. 下列几种 TTL 电路中，输出端可实现线与功能的电路是（　　　）。

　　A. 或非门　　　　　B. 与非门　　　　　C. 异或门　　　　　D. OC 门

23. 下列说法正确的是（　　　）。

　　A. 组合逻辑电路是指电路在任意时刻的稳定输出状态，和同一时刻电路的输入信号以及输入信号作用前的电路状态均有关

　　B. 组合逻辑电路的特点是电路中没有反馈，信号是单方向传输的

　　C. 当只有一个输出信号时，电路为多输入多输出组合逻辑电路

　　D. 组合逻辑电路的特点是电路中有反馈，信号是双方向传输的

24. CC4028 译码器的数据输入线与译码输出线的组合是（　　　）。

　　A. 4∶7　　　　　　B. 1∶10　　　　　　C. 4∶10　　　　　　D. 2∶4

25. 时序逻辑电路中一定含有（　　　）。

　　A. 触发器　　　　B. 组合逻辑电路　　　C. 移位寄存器　　　D. 译码器

26. 根据触发器的（　　　），触发器可分为 RS 触发器、JK 触发器、D 触发器、T 触发器等。

　　A. 电路结构　　　　　　　　　　　　B. 电路结构和逻辑功能

　　C. 逻辑功能　　　　　　　　　　　　D. 用途

27. 四位并行输入寄存器输入一个新的四位数据时需要（　　）个 CP 时钟脉冲信号。

    A. 0　　　　　　　　B. 1　　　　　　　　C. 2　　　　　　　　D. 4

28. 四位移位输入寄存器输入一个新的四位数据时需要（　　）个 CP 时钟脉冲信号。

    A. 0　　　　　　　　B. 1　　　　　　　　C. 2　　　　　　　　D. 4

29. 用 CC40194 构成左移移位寄存器，当预先置入 1011 后，其左移串行输入固定接 0，在 4 个移位脉冲 CP 作用下，四位数据的移位过程是（　　）。

    A. 1011—0110—1100—1000—0000

    B. 1011—0101—0010—0001—0000

    C. 1011—1100—1101—1110—1111

    D. 1011—1010—1001—1000—0111

30. 多谐振荡器主要用来产生（　　）信号。

    A. 正弦波　　　　　B. 脉冲波　　　　　C. 方波　　　　　　D. 锯齿波

31. 单稳态触发器是一种整形电路，它的显著特点是无外加触发信号时，它工作于（　　）。

    A. 高电平　　　　　B. 稳态　　　　　　C. 低电平　　　　　D. 暂稳态

32. 电力二极管属于（　　）。

    A. 单极型器件　　　B. 双极型器件　　　C. 复合型器件　　　D. 单合型器件

33. 电力二极管的额定电流是用电流的（　　）来表示的。

    A. 有效值　　　　　B. 最大值　　　　　C. 平均值　　　　　D. 瞬时值

34. 晶闸管的导通条件是阳极和（　　）上同时加上正向电压。

    A. 基极　　　　　　B. 阴极　　　　　　C. 控制极　　　　　D. 栅极

35. （　　）属于混合型器件。

    A. GTR　　　　　　B. MOSFET　　　　C. IGBT　　　　　　D. GTO

36. 功率晶体管 GTR 从高电压小电流向低电压大电流跃变的现象称为（　　）。

    A. 一次击穿　　　　B. 二次击穿　　　　C. 临界饱和　　　　D. 反向截止

37. 三相半波可控整流电路带续流二极管的电感性负载时，其触发脉冲控制角 α 的移相范围为（　　）。

　　　　A. 0°～90°　　　　　　B. 0°～120°　　　　　C. 0°～150°　　　　　D. 0°～180°

38. 三相桥式全控整流电路带电阻性负载，当其交流侧的电压有效值为 U_2、控制角 $\alpha > 60°$ 时，其输出直流电压平均值 $U_d = (\quad)$。

　　　　A. $1.17U_2\cos\alpha$

　　　　B. $0.675U_2[1+\cos(30°+\alpha)]$

　　　　C. $2.34U_2[1+\cos(60°+\alpha)]$

　　　　D. $2.34U_2\cos\alpha$

39. 带电阻性负载的三相桥式半控整流电路，一般都由（　　）组成。

　　　　A. 六个二极管　　　　　　　　　　B. 三个二极管和三个晶闸管

　　　　C. 六个晶闸管　　　　　　　　　　D. 六个三极管

40. 在三相桥式半控整流电路中，要求共阴极组晶闸管的触发脉冲之间的相位差为（　　）。

　　　　A. 60°　　　　　　　B. 120°　　　　　　　C. 150°　　　　　　D. 180°

41. 带平衡电抗器的三相双反星形可控整流电路中，平衡电抗器的作用是使两组三相半波可控整流电路（　　）。

　　　　A. 相串联　　　　　　　　　　　　B. 相并联

　　　　C. 单独输出　　　　　　　　　　　D. 以 180°相位差相并联同时工作

42. 整流电路中电压波形出现缺口是由于（　　）。

　　　　A. 变压器存在漏抗　　　　　　　　B. 变压器存在内阻

　　　　C. 变压器变比太小　　　　　　　　D. 变压器容量不够

43. 整流电路在换流过程中，（　　）的时间用电角度表示称为换相重叠角。

　　　　A. 晶闸管导通　　　　　　　　　　B. 两个晶闸管同时导通

　　　　C. 两个相邻相的晶闸管同时导通　　D. 两个二极管同时导通

44. （　　）是晶闸管装置常采用的过电压保护措施之一。

　　　　A. 热敏电阻　　　　　　　　　　　B. 硅堆

　　　　C. 阻容吸收　　　　　　　　　　　D. 灵敏过电流继电器

45. 快速熔断器可以用于过电流保护的电力电子器件是（　　）。

　　　　A. 功率晶体管　　　B. IGBT　　　　C. 功率 MOSFET　　D. 晶闸管

46. 为保证晶闸管装置能正常可靠地工作，触发电路除了要有足够的触发功率、触发脉冲具有一定的宽度及陡峭的前沿、触发脉冲必须与晶闸管的阳极电压同步外，还应满足（　　）等要求。

    A. 同步电压与主电压应为同相   B. 同步信号应是锯齿波

    C. 必须包含双脉冲环节   D. 触发脉冲应满足一定的移相范围要求

47. 锯齿波同步触发电路中锯齿波的底宽可达（　　）。

    A. 90°   B. 120°   C. 180°   D. 240°

48. 晶闸管整流电路中"同步"的概念是指触发脉冲与主回路电源电压之间必须保持频率的一致和（　　）。

    A. 相同的相位   B. 相适应的相位

    C. 相同的幅值   D. 相适应的控制范围

49. 晶闸管整流电路中通常采用主电路与触发电路使用同一电网电源及通过（　　）并配合阻容移相的方法来实现同步。

    A. 电阻分压   B. 电感滤波

    C. 同步变压器不同的接线组别   D. 同步电压直接取自于整流变压器

50. 触发电路中脉冲变压器可起到（　　）的作用。

    A. 阻抗匹配，降低脉冲电压，增大输出电流

    B. 阻抗匹配，降低脉冲电流，增大输出电压

    C. 产生内双脉冲

    D. 切断干扰信号通道

51. （　　）是防止整流电路中晶闸管被误触发的措施之一。

    A. 门极与阴极之间并接 $0.01\sim0.1\ \mu F$ 小电容

    B. 脉冲变压器尽量离开主电路远一些，以避免强电干扰

    C. 触发器电源采用 RC 滤波以消除静电干扰

    D. 触发器电源采用双绞线

52. 实现有源逆变的必要条件之一是直流侧必须外接与直流电流 I_d 同方向的直流电源 E，且（　　）。

    A. $|E|>|U_d|$ B. $|E|<|U_d|$

C. $\beta > 90°$　　　　　　　　　　　　D. $\alpha < 90°$

53. （　　）是晶闸管变流电路造成逆变失败的原因之一。

　　A. 控制角太小　　B. 逆变角太小　　C. 逆变角太大　　D. 负载太重

54. 在晶闸管组成的直流可逆调速系统中，为使系统正常工作，防止逆变失败，其（　　）应选 30°。

　　A. 最小控制角 α_{min}　　　　　　　B. 最小逆变角 β_{min}

　　C. 最小导通角 θ_{min}　　　　　　　D. 最小阻抗角 ϕ_{min}

55. 在晶闸管可逆线路中的静态环流除直流平均环流外，还有（　　）。

　　A. 瞬时脉动环流　　B. 动态环流　　C. 直流瞬时环流　　D. 稳态环流

56. 电枢反并联配合控制有环流可逆系统中，当电动机反向电动运行时，正组晶闸管变流器处于待逆变工作状态，反组晶闸管变流器处于（　　）。

　　A. 整流工作状态　　　　　　　　　　B. 逆变工作状态

　　C. 待整流工作状态　　　　　　　　　D. 待逆变工作状态

57. 双向晶闸管的额定电流与普通晶闸管的额定电流（　　）。

　　A. 一样，都是平均值　　　　　　　　B. 可以相互换算

　　C. 是两个概念，互相间没有关系　　　D. 都用有效值表示

58. 交流开关可用双向晶闸管或者（　　）反并联组成。

　　A. 两个单结晶体管　　　　　　　　　B. 两个普通晶闸管

　　C. 两个二极管　　　　　　　　　　　D. 两个双向触发二极管

59. 调功器通常采用（　　）组成，触发电路采用过零触发电路。

　　A. 单结晶体管　　B. 双向晶闸管　　C. 二极管　　D. 触发双向二极管

60. 单相交流调压电路（　　）时移相范围为 0°～180°。

　　A. 带电感负载　　B. 带电阻负载　　C. 带电势负载　　D. 带电容负载

61. 单相交流调压电路带（　　）时，只能采用宽脉冲触发。

　　A. 电感负载　　B. 电阻负载　　C. 电加热负载　　D. 照明负载

62. 带中性线的三相交流调压电路，可以看作是（　　）的组合。

　　A. 三个单相交流调压电路

B. 二个单相交流调压电路

C. 一个单相交流调压电路和一个单相可控整流电路

D. 三个单相可控整流电路

63. 三相三线交流调压电路不能采用（　　）触发。

    A. 单宽脉冲   B. 双窄脉冲

    C. 单窄脉冲   D. 脉冲列

64. 一项工程的电气工程图一般由首页、电气系统图、电气原理图、设备布置图、（　　）、平面图等几部分组成。

    A. 电网系统图   B. 设备原理图

    C. 配电所布置图   D. 安装接线图

65. 电气原理图中所有电器的（　　），都按照没有通电或没有外力作用时的状态画出。

    A. 线圈   B. 触点   C. 动作机构   D. 反作用弹簧

66. 按照电器元件图形符号和文字符号国家标准，接触器的文字符号应用（　　）来表示。

    A. KA   B. KM   C. SQ   D. KT

67. T68 镗床所具备的运动方式有主运动、（　　）、辅助运动。

    A. 镗轴的旋转运动   B. 进给运动

    C. 后立柱水平移动   D. 工作台旋转运动

68. 在晶闸管-电动机速度控制系统中电动机的转速称为（　　）。

    A. 控制量   B. 被控量   C. 扰动量   D. 输入量

69. 闭环控制系统又称为（　　）。

    A. 开环控制系统   B. 直接控制系统

    C. 复合控制系统   D. 反馈控制系统

70. 闭环控制系统中比较元件把（　　）进行比较，求出它们之间的偏差。

    A. 反馈量与给定量   B. 扰动量与给定量

    C. 控制量与给定量   D. 输入量与给定量

71. 比较元件将检测反馈元件检测的被控量的反馈量与（　　）进行比较。

A. 扰动量　　　　　B. 给定量　　　　　C. 控制量　　　　　D. 输出量

72. 复合控制系统是（　　）的控制系统。

A. 既有开环控制又有后馈控制

B. 既有开环控制又有前馈控制

C. 既有闭环控制又有反馈控制

D. 既有前馈控制又有反馈控制

73. 在生产过程中，当如温度、压力控制（　　）要求维持在某一值时，就要采用定值控制系统。

A. 给定量　　　　　B. 输入量　　　　　C. 扰动量　　　　　D. 被控量

74. 直流电动机改变电动机的励磁电流调速属于（　　）调速。

A. 恒功率　　　　　B. 变电阻　　　　　C. 变转矩　　　　　D. 恒转矩

75. 发电机-电动机系统通过（　　），改变电动机电枢电压，从而实现调压调速。

A. 改变发电机的励磁电流和输出电压

B. 改变电动机的励磁电流，改变发电机的输出电压

C. 改变发电机的电枢回路串联附加电阻

D. 改变发电机的电枢电流

76. 转速负反馈调速系统对检测反馈元件和给定电压造成的转速扰动（　　）补偿能力。

A. 没有　　　　　　　　　　　B. 有

C. 对前者有补偿能力　　　　　D. 对前者无补偿能力，对后者有

77. 转速、电流双闭环调速系统包括电流环和转速环，其中两环之间关系是（　　）。

A. 电流环为内环，转速环为外环

B. 电流环为外环，转速环为内环

C. 电流环为内环，转速环也为内环

D. 电流环为外环，转速环也为外环

78. 转速、电流双闭环调速系统中，转速调节器的输出电压是（　　）。

A. 系统电流给定电压　　　　　B. 系统转速给定电压

C. 触发器给定电压   D. 触发器控制电压

79. 直流电动机工作在电动状态时，电动机的电磁转矩的方向和转速方向（   ）。

    A. 相同，将电能变为机械能

    B. 相同，将机械能变为电能

    C. 相反，将电能变为机械能

    D. 相反，将机械能变为电能

80. 电枢反并联可逆调速系统中，当电动机正向制动时，反向组晶闸管变流器处于（   ）。

    A. 整流工作状态、控制角 $\alpha < 90°$

    B. 有源逆变工作状态、控制角 $\alpha > 90°$

    C. 整流工作状态、控制角 $\alpha > 90°$

    D. 有源逆变工作状态、控制角 $\alpha < 90°$

81. 无环流可逆调速系统除了逻辑无环流可逆系统外，还有（   ）。

    A. 控制无环流可逆系统   B. 直接无环流可逆系统

    C. 错位无环流可逆系统   D. 借位无环流可逆系统

82. 当采用一个电容器和两个灯泡组成的相序测试器测定三相交流电源相序时，如电容器所接为 A 相，则（   ）。

    A. 灯泡亮的一相为 B 相   B. 灯泡暗的一相为 B 相

    C. 灯泡亮的一相为 C 相   D. 灯泡暗的一相可能为 B 相也可能为 C 相

83. 带微处理器的全数字调速系统与模拟控制调速系统相比，具有（   ）等特点。

    A. 灵活性好、性能好、可靠性高

    B. 灵活性差、性能好、可靠性高

    C. 性能好、可靠性高、调试及维修复杂

    D. 灵活性好、性能好、调试及维修复杂

84. 按编码原理分类，可分为绝对式和（   ）等两种编码器。

    A. 增量式   B. 相对式   C. 减量式   D. 直接式

85. 线绕式异步电动机采用转子串电阻调速方法属于（   ）。

A. 改变频率调速　　　　　　　　　　B. 改变极数调速

C. 改变转差率调速　　　　　　　　　　D. 改变电流调速

86. 在 VVVF 调速系统中，调频时须同时调节定子电源的（　　　），在这种情况下，机械特性平行移动，转差功率不变。

A. 电抗　　　　　B. 电流　　　　　C. 电压　　　　　D. 转矩

87. 变频调速系统在基频以下一般采用（　　　）的控制方式。

A. 恒磁通调速　　B. 恒功率调速　　C. 变阻调速　　D. 调压调速

88. 若增大 SPWM 逆变器的输出电压基波频率，可采用的控制方法是（　　　）。

A. 增大三角波幅度　　　　　　　　　　B. 增大三角波频率

C. 增大正弦调制频率　　　　　　　　　　D. 增大正弦调制波幅度

89. 通用变频器的滤波电路采用（　　　）滤波。

A. 大电感　　　　B. 大电容　　　　C. 大电抗　　　D. 大电感或大电容

90. 普通变频器的电压级别分为（　　　）。

A. 100 V 级与 200 V 级　　　　　　　B. 200 V 级与 400 V 级

C. 400 V 级与 600 V 级　　　　　　　D. 600 V 级与 800 V 级

91. 步进电动机的功能是（　　　）。

A. 测量转速

B. 功率放大

C. 把脉冲信号转变成直线位移或角位移

D. 把输入的电信号转换成电动机轴上的角位移或角速度

92. 步进电动机是通过（　　　）决定转角位移的一种伺服电动机。

A. 脉冲的宽度　　B. 脉冲的数量　　C. 脉冲的相位　　D. 脉冲的占空比

93. 步进电动机驱动电路一般可由（　　　）、功率驱动单元、保护单元等组成。

A. 脉冲发生控制单元　　　　　　　　　　B. 脉冲移相单元

C. 触发单元　　　　　　　　　　　　　　D. 过零触发单元

94. 在步进电动机驱动电路中，脉冲信号经（　　　）放大器后控制步进电动机励磁绕组。

A. 功率　　　　　　B. 电流　　　　　　C. 电压　　　　　　D. 直流

95. PLC 是在（　　）基础上发展起来的。

A. 电气控制系统　　B. 单片机　　　　C. 工业计算机　　D. 机器人

96. PLC 与继电控制系统之间存在元件触点数量、工作方式和（　　）差异。

A. 使用寿命　　　　B. 工作环境　　　C. 体积大小　　　D. 接线方式

97. 世界上公认的第一台 PLC 是（　　）年美国数字设备公司研制的。

A. 1958　　　　　　B. 1969　　　　　C. 1974　　　　　D. 1980

98. 可编程控制器具有抗干扰能力强是（　　）特有的产品。

A. 机械控制　　　　　　　　　　　　B. 工业企业

C. 生产控制过程　　　　　　　　　　D. 工业现场用计算机

99. 对 PLC 存储器描述错误的是（　　）。

A. 存放输入信号　　　　　　　　　　B. 存放用户程序

C. 存放数据　　　　　　　　　　　　D. 存放系统程序

100. PLC 的程序编写有（　　）方法。

A. 梯形图和功能图　　　　　　　　　B. 图形符号逻辑

C. 继电器原理图　　　　　　　　　　D. 卡诺图

101. 在较大型和复杂的电气控制程序设计中，可以采用（　　）方法来设计程序。

A. 程序流程图设计　　　　　　　　　B. 继电控制原理图设计

C. 简化梯形图设计　　　　　　　　　D. 普通的梯形图法设计

102. PLC 将输入信息采入内部，执行（　　）的逻辑功能，最后达到控制要求。

A. 硬件　　　　　　B. 元件　　　　　C. 用户程序　　　D. 控制部件

103. 通过编制控制程序，即将 PLC 内部的各种逻辑部件按照（　　）进行组合以达到一定的逻辑功能。

A. 设备要求　　　　B. 控制工艺　　　C. 元件材料　　　D. 编程器型号

104. PLC 的（　　）输出是无触点输出，只能用于控制直流负载。

A. 继电器　　　　　B. 双向晶闸管　　C. 晶体管　　　　D. 二极管

105. 可编程控制器的（　　）是它的主要技术性能之一。

A. 机器型号　　　　　　　　　　　B. 接线方式

C. 输入/输出点数　　　　　　　　　D. 价格

106. FX 系列 PLC 内部辅助继电器 M 编号从（　　）都是特殊继电器。

A. M0～M499　　　　　　　　　　B. M500～M1023

C. M8000～M8255　　　　　　　　D. D0～D99

107. FX 系列 PLC 内部输入继电器 X 编号是（　　）进制的。

A. 二　　　　　　B. 八　　　　　　C. 十　　　　　　D. 十六

108. FX 系列 PLC 内部输出继电器 Y 编号是（　　）进制的。

A. 二　　　　　　B. 八　　　　　　C. 十　　　　　　D. 十六

109. 有几个并联回路相串联时，应将并联回路多的放在梯形图的（　　），可以节省指令表语言的条数。

A. 左边　　　　　B. 右边　　　　　C. 上方　　　　　D. 下方

110. 在 PLC 梯形图编程中，两个或两个以上的触点串联的电路称之为（　　）。

A. 串联电路　　　B. 并联电路　　　C. 串联电路块　　D. 并联电路块

111. 在 FX2N 系列的基本指令中，（　　）指令是不带操作元件的。

A. OR　　　　　　B. ORI　　　　　　C. ORB　　　　　D. OUT

112. PLC 程序中的 END 指令的用途是（　　）。

A. 程序结束，停止运行

B. 指令扫描到端点，有故障

C. 指令扫描到端点，将进行新的扫描

D. 程序结束，停止运行和指令扫描到端点，有故障

113. PLC 中状态器 S，它的接点指令 STL 的功能是（　　）。

A. S 线圈被激活　　　　　　　　　B. S 的触点与母线连接

C. 将步进触点返回主母线　　　　　D. S 的常开触点与主母线连接

114. 状态转移图中，（　　）不是它的组成部分。

A. 初始步　　　　　　　　　　　　B. 中间工作步

C. 终止工作步　　　　　　　　　　D. 转换和转换条件

115. 步进指令 STL 在步进梯形图上是以（　　　）来表示的。

    A. 步进接点   B. 状态元件

    C. S 元件的常开触点   D. S 元件的置位信号

116. 功能指令可分为 16 位指令和 32 位指令，其中 32 位指令用（　　　）表示。

    A. CMP   B. MOV   C. DADD   D. SUB

117. 功能指令的操作数可分为源操作数和（　　　）操作数。

    A. 数值   B. 参数   C. 目标   D. 地址

118. FX2N 有 200 多条功能指令，分（　　　）、数据处理指令和特殊应用指令等基本类型。

    A. 基本指令   B. 步进指令   C. 程序控制   D. 结束指令

119. 选择 PLC 产品要注意的电气特征是（　　　）。

    A. CPU 执行速度和输入输出模块形式

    B. 编程方法和输入输出模块形式

    C. 容量、速度、输入输出模块形式、编程方法

    D. PLC 的体积、耗电、处理器和容量

120. FX2N 可编程序控制器面板上的 "PROG. E" 指示灯闪烁表示（　　　）。

    A. 设备正常运行状态电源指示

    B. 忘记设置定时器或计数器常数

    C. 梯形图电路有双线圈

    D. 在通电状态进行存储卡盒的装卸

得分	
评分人	

三、多项选择题（第 1 题～第 20 题。选择正确的答案，将相应的字母填入题内的括号中。每题 1 分，满分 20 分）

1. 运算放大器组成的同相比例放大电路的特征是（　　　）。

    A. 串联电压负反馈   B. 并联电压负反馈   C. 虚地

    D. 虚短   E. 虚断

2. 按照导电沟道的不同，MOS 管可分为（　　　）。

A. NMOS　　　　　　　B. PMOS　　　　　　　C. CMOS

D. DMOS　　　　　　　E. SMOS

3. 下列说法正确的是（　　　）。

A. 带有控制端的基本译码器可以组成数据分配器

B. 带有控制端的基本译码器可以组成二进制编码器

C. 八选一数据选择器当选择码 S2，S1，S0 为 110 时，选择数据从 Y6 输出

D. 八选一数据选择器当选择码 S2，S1，S0 为 110 时，选择数据从 I6 输入

E. 基本译码器都可以组成数据分配器

4. 施密特触发器的主要用途是（　　　）。

A. 延时　　　　　　　B. 定时　　　　　　　C. 整形

D. 鉴幅　　　　　　　E. 鉴频

5. 当已导通的普通晶闸管满足（　　　）时，晶闸管将被关断。

A. 阳极和阴极之间电流近似为零

B. 阳极和阴极之间加上反向电压

C. 阳极和阴极之间电压为零

D. 控制极电压为零

E. 控制极加反向电压

6. 三相半波可控整流电路分别带大电感负载或电阻性负载时，其触发脉冲控制角 α 的移相范围分别为（　　　）。

A. $0° \sim 90°$　　　　　　　B. $0° \sim 120°$　　　　　　　C. $0° \sim 150°$

D. $0° \sim 180°$　　　　　　　E. $90° \sim 180°$

7. 三相桥式全控整流电路带大电感负载时晶闸管的导通规律为（　　　）。

A. 每隔 $120°$ 换相一次，每个晶闸管导通 $60°$

B. 每隔 $60°$ 换相一次，每个晶闸管导通 $120°$

C. 任何时刻都有 1 个晶闸管导通

D. 同一相中两个晶闸管的触发脉冲相隔 $180°$

E. 同一组中相邻两个晶闸管的触发脉冲相隔 $120°$

8. 同步信号为锯齿波的晶体管触发电路，以（　　）的方法实现晶闸管触发脉冲的移相。

    A. 锯齿波为基准　　　　　　　B. 串入直流控制电压　　　C. 叠加脉冲信号

    D. 正弦波同步电压为基准　　　E. 串入脉冲封锁信号

9. 圆工作台控制开关在"接通"位置时，会出现（　　）等情况。

    A. 工作台左右不能进给　　　　　　　　B. 工作台前后不能进给

    C. 工作台上下不能进给　　　　　　　　D. 圆工作台不能旋转

    E. 主轴不能旋转

10. 直流调速系统中，给定控制信号作用下的动态性能指标（即跟随性能指标）有（　　）。

    A. 上升时间　　　　　　　B. 超调量　　　　　　　C. 最大动态速降

    D. 调节时间　　　　　　　E. 恢复时间

11. 闭环调速系统和开环调速系统性能相比较有（　　）等方面特点。

    A. 闭环系统的静态转速降为开环系统静态转速降的 $1/(1+K)$ 倍

    B. 闭环系统的静态转速降为开环系统静态转速降的 $1/(1+2K)$ 倍

    C. 当理想空载转速相同时，闭环系统的静差率为开环系统静差率的 $1/(1+K)$ 倍

    D. 当理想空载转速相同时，闭环系统的静差率为开环系统静差率的 $1+K$ 倍

    E. 当系统静差率要求相同时，闭环系统的调速范围为开环系统的调速范围的 $1+K$ 倍

12. 转速、电流双闭环直流调速系统，在电源电压波动时的抗扰作用主要通过电流调节器来调节。当电源电压下降时，系统调节过程中（　　），以维持电枢电流不变，使电动机转速几乎不受电源电压波动的影响。

    A. 转速调节器输出电压增大　　　　　　B. 电流调节器输出电压减小

    C. 电流调节器输出电压增大　　　　　　D. 触发器控制角 α 减小

    E. 触发器控制角 α 增大

13. 变频调速中变频器具有（　　）功能。

    A. 调压　　　　　　　B. 调电流　　　　　　C. 调转差率

    D. 调频　　　　　　　E. 调功率

14. 通用变频器所允许的过载电流以（　　）来表示。

    A. 额定电流的百分数　　　　　　　　　　B. 最大电流的百分数

    C. 允许的时间　　　　　　　　　　　　　D. 额定输出功率的百分数

    E. 额定的时间

15. PLC 在循环扫描工作中每一扫描周期的工作阶段包括（　　）。

    A. 输入采样阶段　　　　　　　　　　　　B. 程序监控阶段

    C. 程序执行阶段　　　　　　　　　　　　D. 输出刷新阶段

    E. 自诊断阶段

16. 在 FX2N 系列中，栈操作指令由（　　）组成。

    A. MCR　　　　　　　　B. MPS　　　　　　　　C. MC

    D. MRD　　　　　　　　E. MPP

17. STL 指令对（　　）元件无效。

    A. T　　　　　　　　　　B. C　　　　　　　　　C. M

    D. S　　　　　　　　　　E. D

18. FX2N 系列 PLC 的功能指令所使用的为（　　）数据类软元件。

    A. KnY0　　　　　　　　B. KnX0　　　　　　　　C. D

    D. V　　　　　　　　　　E. RST

19. 程序设计应包括（　　）的步骤。

    A. 了解控制系统的要求

    B. 写 I/O 及内部地址分配表系统调试

    C. 编写程序清单

    D. 编写元件申购清单

    E. 设计梯形图

20. FX2N 可编程控制器面板上 "BATT. V" 指示灯点亮，应采取（　　）措施。

    A. 更换后备电池　　　　　　　　　　　　B. 检查工作电源电压

    C. 检查程序　　　　　　　　　　　　　　D. 仍可继续工作

    E. 检查后备电池电压

电工（三级）理论知识试卷答案

一、判断题（第 1 题～第 40 题。将判断结果填入括号中。正确的填"√"，错误的填"×"。每题 0.5 分，满分 20 分）

1. √	2. √	3. ×	4. √	5. √	6. √	7. √	8. √	9. √
10. √	11. √	12. ×	13. √	14. √	15. √	16. ×	17. √	18. √
19. √	20. ×	21. ×	22. ×	23. √	24. ×	25. √	26. √	27. √
28. √	29. √	30. ×	31. √	32. ×	33. √	34. ×	35. ×	36. √
37. ×	38. √	39. ×	40. √					

二、单项选择题（第 1 题～第 120 题。选择一个正确的答案，将相应的字母填入题内的括号中。每题 0.5 分，满分 60 分）

1. B	2. B	3. D	4. A	5. A	6. B	7. C	8. B	9. D
10. B	11. A	12. B	13. C	14. C	15. A	16. B	17. D	18. C
19. D	20. B	21. A	22. D	23. B	24. C	25. A	26. C	27. B
28. D	29. A	30. C	31. B	32. B	33. D	34. A	35. C	36. B
37. C	38. C	39. B	40. B	41. D	42. A	43. C	44. C	45. D
46. D	47. D	48. C	49. C	50. A	51. A	52. A	53. B	54. B
55. A	56. A	57. B	58. B	59. B	60. B	61. A	62. A	63. C
64. D	65. B	66. B	67. B	68. B	69. D	70. A	71. B	72. D
73. D	74. A	75. A	76. A	77. A	78. A	79. A	80. B	81. C
82. A	83. A	84. A	85. C	86. C	87. A	88. C	89. B	90. B
91. C	92. B	93. A	94. B	95. A	96. A	97. B	98. D	99. A
100. A	101. A	102. C	103. B	104. C	105. C	106. C	107. B	108. B
109. A	110. A	111. C	112. C	113. D	114. C	115. A	116. C	117. C
118. C	119. C	120. B						

三、多项选择题（第 1 题～第 20 题。选择正确的答案，将相应的字母填入题内的括号中。每题 1 分，满分 20 分）

1. AD　　2. AB　　3. AD　　4. CD　　5. ABC　　6. AC　　7. BDE　　8. AB

9. ABC　　10. ABD　　11. ACE　　12. CD　　13. AD　　14. AC　　15. ACD

16. BDE　　17. ABCE　　18. ABCD　　19. ABCE　　20. AE

第6部分

操作技能考核模拟试卷

注 意 事 项

1. 考生根据操作技能考核通知单中所列的试题做好考核准备。

2. 请考生仔细阅读试题单中具体考核内容和要求，并按要求完成操作或进行笔答或口答，若有笔答请考生在答题卷上完成。

3. 操作技能考核时要遵守考场纪律，服从考场管理人员指挥，以保证考核安全顺利进行。

注：操作技能鉴定试题评分表及答案是考评员对考生考核过程及考核结果的评分记录表，也是评分依据。

国家职业资格鉴定

电工（三级）操作技能考核通知单

姓名：

准考证号：

考核日期：

试题 1

试题代码：1.3.1。

试题名称：20/5 t 桥式起重机电气控制线路测绘、故障检查及排除。

考核时间：60 min。

配分：25 分。

试题 2

试题代码：2.2.2。

试题名称：用 PLC 实现喷水池自动控制系统。

考核时间：60 min。

配分：25 分。

试题 3

试题代码：3.1.3。

试题名称：逻辑无环流可逆直流调速控制（一）。

考核时间：60 min。

配分：25 分。

试题 4

试题代码：4.2.4。

试题名称：带续流二极管的三相桥式半控整流电路。

考核时间：60 min。

配分：25 分。

电工（三级）操作技能鉴定

试 题 单

试题代码：1.3.1。

试题名称：20/5 t 桥式起重机电气控制线路测绘、故障检查及排除。

考核时间：60 min。

1. 操作条件

（1）20/5 t 桥式起重机电气控制鉴定装置一台，专用连接导线若干。

（2）电工常用工具、万用表一套。

2. 操作内容

根据给定的 20/5 t 桥式起重机电气控制鉴定装置进行如下操作：

（1）对设置有断线故障的部分电路进行测绘，并在附图上画全电路原理图，并标出断线处。

（2）描述设有故障的鉴定装置的故障现象，分析故障原因。

（3）利用工具找出实际故障点，排除故障，恢复设备的正常功能，并向考评员演示或由鉴定装置评定。

（4）分析测绘部分所在的单元电路工作原理。

3. 操作要求

（1）根据给定的设备、仪器和仪表，在规定时间内完成电路测绘、故障检查及排除工作。

（2）将完成测绘的附图交卷后，才可根据电气原理图进行故障检查、分析、排除操作。

（3）安全生产，文明操作。未经允许擅自通电，造成设备损坏者，该项目零分。

电工（三级）操作技能鉴定
答题卷

考生姓名：　　　　　　　　　准考证号：

试题代码：1.3.1。

试题名称：20/5 t 桥式起重机电气控制线路测绘、故障检查及排除。

考核时间：60 min。

在下列各项之中抽取 1 项，并在鉴定装置中相应部分设置 1 个断线故障后，由考生完成测绘及原理分析：

● 测绘附图一虚线框内部分的电路图，并分析大车电动机控制电路的工作原理。

● 测绘附图二虚线框内部分的电路图，并分析联锁及保护电路的工作原理。

● 测绘附图三虚线框内部分的电路图，并分析主钩电动机控制电路的工作原理。

1. 工作原理分析：＿＿＿＿＿＿＿＿＿＿＿＿＿＿＿＿＿＿＿＿＿＿＿＿＿＿

＿＿＿＿＿＿＿＿＿＿＿＿＿＿＿＿＿＿＿＿＿＿＿＿＿＿＿＿＿＿＿＿＿＿

＿＿＿＿＿＿＿＿＿＿＿＿＿＿＿＿＿＿＿＿＿＿＿＿＿＿＿＿＿＿＿＿＿＿

＿＿＿＿＿＿＿＿＿＿＿＿＿＿＿＿＿＿＿＿＿＿＿＿＿＿＿＿＿＿＿＿＿＿

＿＿＿＿＿＿＿＿＿＿＿＿＿＿＿＿＿＿＿＿＿＿＿＿＿＿＿＿＿＿＿＿＿＿

＿＿＿＿＿＿＿＿＿＿＿＿＿＿＿＿＿＿＿＿＿＿＿＿＿＿＿＿＿＿＿＿＿＿

2. 对鉴定装置中所设置的器件故障进行检查、分析，并找出故障点。

故障现象：＿＿＿＿＿＿＿＿＿＿＿＿＿＿＿＿＿＿＿＿＿＿＿＿＿＿＿＿＿

＿＿＿＿＿＿＿＿＿＿＿＿＿＿＿＿＿＿＿＿＿＿＿＿＿＿＿＿＿＿＿＿＿＿

分析出现故障可能的原因：＿＿＿＿＿＿＿＿＿＿＿＿＿＿＿＿＿＿＿＿＿＿

＿＿＿＿＿＿＿＿＿＿＿＿＿＿＿＿＿＿＿＿＿＿＿＿＿＿＿＿＿＿＿＿＿＿

＿＿＿＿＿＿＿＿＿＿＿＿＿＿＿＿＿＿＿＿＿＿＿＿＿＿＿＿＿＿＿＿＿＿

写出实际故障点：＿＿＿＿＿＿＿＿＿＿＿＿＿＿＿＿＿＿＿＿＿＿＿＿＿＿

＿＿＿＿＿＿＿＿＿＿＿＿＿＿＿＿＿＿＿＿＿＿＿＿＿＿＿＿＿＿＿＿＿＿

＿＿＿＿＿＿＿＿＿＿＿＿＿＿＿＿＿＿＿＿＿＿＿＿＿＿＿＿＿＿＿＿＿＿

3. 测绘电路图

测绘附图一虚线框内部分的电路图，并在其中标出断线故障所在位置。

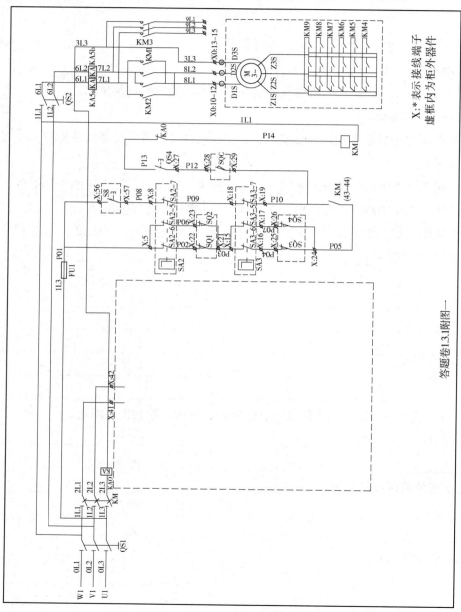

答题卷1.3.1附图一

测绘附图二虚线框内部分的电路图，并在其中标出断线故障所在位置。

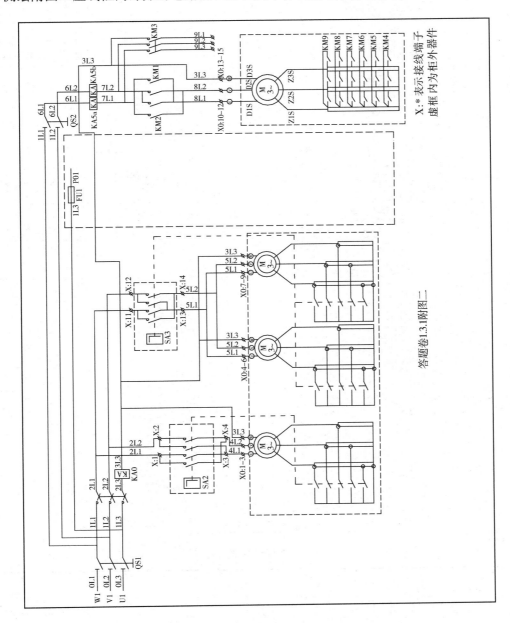

答题卷1.3.1附图二

测绘附图三虚线框内部分的电路图，并在其中标出断线故障所在位置。

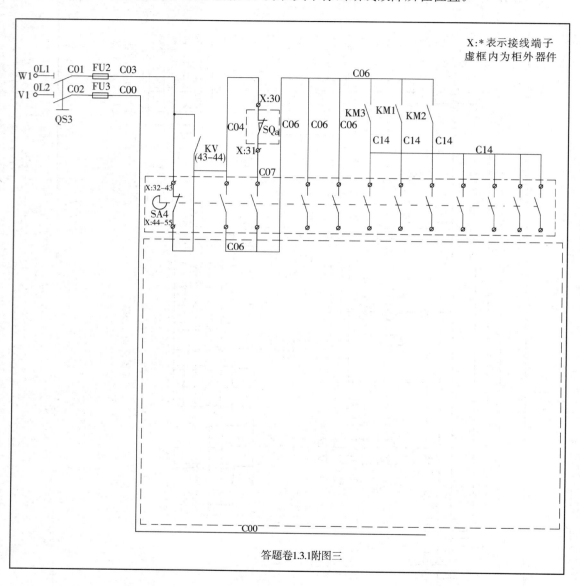

答题卷1.3.1附图三

电工（三级）操作技能鉴定

试题评分表

考生姓名： 准考证号：

试题代码及名称			1.3.1 20/5 t桥式起重机电气控制线路测绘、故障检查及排除	考核时间					60 min
评价要素	配分	等级	评分细则	评定等级					得分
				A	B	C	D	E	
否决项			未经允许擅自通电，造成设备损坏者，该项目记为零分						
1 根据设定故障，写出故障现象	3	A	通电检查，故障现象判别完全正确						
		B	通电检查，故障现象判别基本正确						
		C	通电检查，能判别故障现象，但表述不够确切						
		D	未进行通电检查判别，或通电检查但不会判别故障现象						
		E	未答题						
2 根据故障现象，对故障原因作简要分析	5	A	故障原因分析完全正确						
		B	故障原因分析基本正确，但不完整						
		C	故障原因只能分析个别要点，遗漏较多						
		D	故障原因分析错误						
		E	未答题						
3 对指定部分测绘电路图	6	A	线路测绘完全正确，图形符号和文字符号使用正确，线号标注完整，图形整洁，断线位置标注正确						
		B	线路测绘正确，图形符号、文字符号、线号标注有1~2处错误，断线位置标注正确						
		C	线路测绘有1~2处错误；或图形符号、文字符号、线号标注有3~4处错误，或断线位置标注错误或未标注						
		D	线路测绘有3处及以上错误；或图形符号、文字符号、线号标注错4处及以上						
		E	未答题						

续表

试题代码及名称			1.3.1 20/5 t桥式起重机电气控制线路测绘、故障检查及排除		考核时间		60 min
评价要素	配分	等级	评分细则	评定等级			得分
				A B C D E			

序号	评价要素	配分	等级	评分细则	A	B	C	D	E	得分
4	写出实际具体故障点，排除故障	5	A	2个故障排除完全正确						
			B	排除故障失败1次，最终2个故障排除						
			C	能排除1个故障；或排除故障失败2次，最终2个故障排除						
			D	2个故障均不能排除						
			E	未答题						
5	分析原理	4	A	对指定部分的工作原理分析完全正确						
			B	原理分析基本正确，但不够完整						
			C	原理分析过于简单，但要点能正确指出						
			D	原理分析错误、不能指出要点，或不会分析						
			E	未答题						
6	安全生产，无事故发生	2	A	安全文明生产，操作规范						
			B	安全文明生产，操作规范，但未穿电工鞋						
			C	能遵守安全操作规程，但未达到文明生产要求						
			D	在操作过程中因误操作而烧断熔断器，或未经允许擅自通电，尚未造成设备损坏						
			E	不能文明生产，不符合操作规程，或未经允许擅自通电或带电接、拆线，造成设备损坏或缺考						
合计配分		25		合计得分						

注：阴影处为否决项。　　　　　　　　　　考评员（签名）：

等级	A（优）	B（良）	C（及格）	D（较差）	E（差或缺考）
比值	1.0	0.8	0.6	0.2	0

"评价要素"得分＝配分×等级比值。

电工（三级）操作技能鉴定

试题单

试题代码：2.2.2。

试题名称：用 PLC 实现喷水池自动控制系统。

考核时间：60 min。

1. 操作条件

（1）鉴定装置一台（需配置 FX2N - 48MR 或以上规格的 PLC、主令电器、指示灯、传感器或传感器信号模拟发生器等）。

（2）计算机一台（需装有鉴定软件和三菱 SWOPC - FXGP/WIN - C 编程软件）。

（3）鉴定装置专用连接电线若干根。

2. 操作内容

如仿真动画所示，根据控制要求和输入输出端口配置表来编制 PLC 控制程序。

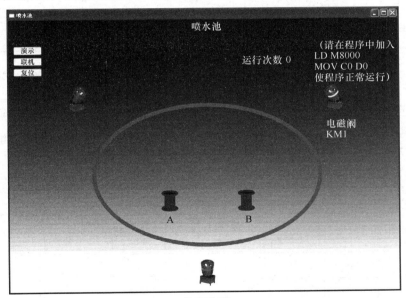

仿真动画

控制要求：

喷水池有红、黄、蓝三色灯，两个喷水龙头和一个带动龙头移动的电磁阀。按下启动按钮开始动作，喷水池的动作以 45 s 为一个循环，每 5 s 为一个节拍，连续工作 3 个循环后，停 8 s，如此不断循环直到按下停止按钮后，完成一次循环，整个操作停止。

灯、喷水头和电磁阀的动作安排见状态表，状态表中该设备在有输出的节拍下显示黑色方块，无输出为空白。

状态表：

节拍\设备	1	2	3	4	5	6	7	8	9
红灯	■	■		■	■		■		
黄灯		■	■		■	■			
蓝灯				■	■			■	
喷水头 A			■	■	■		■		■
喷水头 B		■	■		■	■	■		
电磁阀	■	■		■	■		■		

输入输出端口配置表（5 个方案考评员抽选其一）：

输入设备	输入输出端口编号					接鉴定装置对应端口
	A	B	C	D	E	
启动按钮 SB1	X00	X04	X02	X03	X05	普通按钮
停止按钮 SB2	X01	X07	X01	X06	X02	普通按钮
红灯	Y00	Y03	Y02	Y10	Y12	计算机和 PLC 自动连接
黄灯	Y01	Y04	Y03	Y11	Y13	计算机和 PLC 自动连接
蓝灯	Y02	Y05	Y04	Y12	Y14	计算机和 PLC 自动连接
喷水龙头 A	Y03	Y00	Y01	Y05	Y10	计算机和 PLC 自动连接
喷水龙头 B	Y04	Y01	Y07	Y06	Y11	计算机和 PLC 自动连接
电磁阀	Y05	Y07	Y06	Y00	Y02	计算机和 PLC 自动连接

（1）根据控制要求画出控制流程图。

（2）写出梯形图程序或语句表程序（考生自选其一）。

（3）使用计算机软件进行程序输入。

（4）下载程序并进行调试。

3. 操作要求

（1）画出正确的控制流程图。

（2）写出梯形图程序或语句表程序（考生自选其一）。

（3）会使用计算机软件进行程序输入。

（4）在鉴定装置上接线，用计算机软件模拟仿真进行调试。

（5）未经允许擅自通电，造成设备损坏者，该项目零分。

电工（三级）操作技能鉴定

答题卷

考生姓名：　　　　　　　准考证号：

试题代码：2.2.2。

试题名称：用 PLC 实现喷水池自动控制系统。

考核时间：60 min。

输入输出分配表方案_____。

1. 按工艺要求画出控制流程图。

2. 写出梯形图程序或语句表程序。

电工（三级）操作技能鉴定

试题评分表

考生姓名：　　　　　　　　　准考证号：

试题代码及名称			2.2.2　用 PLC 实现喷水池自动控制系统	考核时间				60 min	
评价要素	配分	等级	评分细则	评定等级					得分
				A	B	C	D	E	
否决项			未经允许擅自通电，造成设备损坏者，该项目记为零分						
1　接线	3	A	接线正确，安装规范						
		B	接线安装错 1 次，能独立纠正；或接线虽正确，但不规范，在一个接线柱上接头超过 2 个						
		C	接线及安装错 2 次，能独立纠正						
		D	接线及安装错 3 次及以上，能独立纠正						
		E	未答题						
2　流程图设计	4	A	流程图设计正确						
		B	流程图设计错 1 点						
		C	流程图设计错 2 点						
		D	流程图设计错 3 点及以上						
		E	未答题						
3　梯形图或语句表编写	3	A	梯形图或语句表编写完全正确						
		B	梯形图或语句表编写错 1 点						
		C	梯形图或语句表编写错 2 点						
		D	梯形图或语句表编写错 3 点及以上						
		E	未答题						

续表

试题代码及名称			2.2.2 用 PLC 实现喷水池自动控制系统			考核时间				60 min
评价要素		配分	等级	评分细则		评定等级				得分
						A	B	C	D	E
4	计算机软件输入程序并进行模拟调试	13	A	程序输入步骤正确，调试步骤正确，达到控制要求						
			B	会程序输入，调试运行失败 1 次，自行修改后结果能达到控制要求						
			C	会程序输入，调试运行失败 2 次，自行修改后结果能达到控制要求						
			D	不会程序输入，或调试运行失败						
			E	未答题						
5	安全生产，无事故发生	2	A	安全文明生产，符合操作规程						
			B	安全文明生产，操作规范，但未穿电工鞋						
			C	—						
			D	未经允许擅自通电，但未造成设备损坏						
			E	未答题						
合计配分		25		合计得分						

注：阴影处为否决项。　　　　　　　　　考评员（签名）：

等级	A（优）	B（良）	C（及格）	D（较差）	E（差或缺考）
比值	1.0	0.8	0.6	0.2	0

"评价要素"得分＝配分×等级比值。

电工（三级）操作技能鉴定

试题单

试题代码：3.1.3。

试题名称：逻辑无环流可逆直流调速控制（一）。

考核时间：60 min。

1. 操作条件

(1) 直流调速实训装置（含欧陆 514C 直流调速器）一台，专用连接导线若干。

(2) 直流电动机-发电机组一台：Z400/20 - 220，$P_N=400$ W，$U_N=220$ V，$I_N=3.5$ A，$n_N=2\,000$ r/min；测速发电机：55 V/2 000 r/min。

(3) 变阻箱一台。

2. 操作内容

(1) 按接线图所示在 514C 直流调速实训装置上完成接线，并接入调试、测量所需要的电枢电流表、转速表、测速发电机两端电压表及给定电压表等测量仪表。

(2) 按步骤进行通电调试，要求转速给定电压 U_{gn} 为 0～_____V，调整转速反馈电压，使电动机转速为 0～_____r/min。

(3) 调节转速给定电压 U_{gn}，并实测、记录给定电压 U_{gn}、测速发电机两端电压 U_{Tn} 和转速 n，绘制调节特性曲线。

(4) 画出逻辑无环流可逆直流调速系统原理图，并在图中标出正向运行时系统的工作状态（各物理量的极性）。

(5) 按要求在此电路上设置一个故障，考生根据故障现象分析故障原因，并排除故障使系统正常运行。

3. 操作要求

(1) 根据给定的设备、仪器和仪表完成接线、调试、运行及特性测量分析工作，调试过程中一般故障自行解决。

(2) 根据给定的条件测量与绘制调节特性曲线。

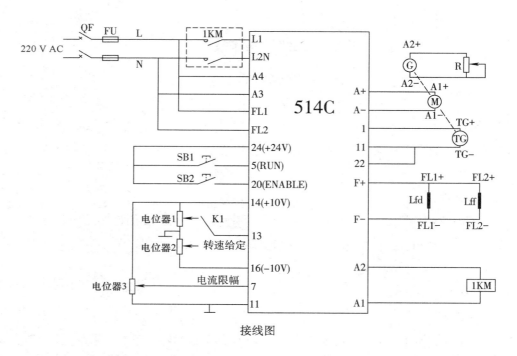

接线图

（3）画出逻辑无环流可逆直流调速系统原理图，并在图中标出正向运行时系统的工作状态。

（4）根据故障现象分析故障原因，并排除故障使其运行正常。

（5）安全生产，文明操作。未经允许擅自通电，造成设备损坏者，该项目零分。

电工（三级）操作技能鉴定

答题卷

考生姓名：　　　　　　　　准考证号：

试题代码：3.1.3。

试题名称：逻辑无环流可逆直流调速控制（一）。

考核时间：60 min。

1. 转速给定电压 U_{gn} 为 0～_____V，电动机转速为 0～_____r/min。

实测并记录转速给定电压 U_{gn}、转速 n 和测速发电机两端电压 U_{Tn}。

n（r/min）							
U_{gn}（V）							
U_{Tn}（V）							

绘制调节特性曲线：

2. 画出逻辑无环流可逆直流调速系统原理图，并在图中标出正向运行时系统的工作状态（各物理量的极性）。

3. 排除故障

（1）记录故障现象。

（2）分析故障原因。

（3）找出具体故障点。

电工（三级）操作技能鉴定

试题评分表

考生姓名：　　　　　　　　　准考证号：

试题代码及名称			3.1.3　逻辑无环流可逆直流调速控制（一）	考核时间				60 min
评价要素	配分	等级	评分细则	评定等级				得分
				A	B	C	D	E
否决项			未经允许擅自通电，造成设备损坏者，该项目记为零分					
1　按电路图接线	5	A	接线正确，安装规范					
		B	接线安装错 1 次，能独立纠正；或接线虽正确，但不规范，在主电路接线中采用控制电路导线，或一个接线柱上接头超过 2 个					
		C	接线及安装错 2 次，能独立纠正					
		D	接线及安装错 3 次及以上，能独立纠正					
		E	未答题					
2　通电调试与运行	6	A	通电调试运行步骤、方法与结果完全正确，操作熟练					
		B	通电调试运行步骤、方法与结果较正确，操作较熟练；或通电调试结果正确，但开机或停机步骤不正确					
		C	通电调试运行步骤与方法基本正确，调试结果基本正确，操作不够熟练					
		D	通电调试运行步骤、方法与结果不正确，通电调试失败					
		E	未答题					
3　特性曲线测量及绘制	5	A	参数测量和特性曲线绘制完全正确					
		B	特性曲线参数测量有误，或特性曲线绘制不够规范，或漏、错标坐标名称单位					
		C	特性曲线参数测量错 1 处，或特性曲线绘制错 1 处					
		D	特性曲线参数测量和特性曲线绘制两者中各错 1 处及以上					
		E	未答题					

续表

试题代码及名称			3.1.2　逻辑无环流可逆直流调速控制（一）		考核时间				60 min
评价要素		配分	等级	评分细则	评定等级				得分
					A	B	C	D	E

	评价要素	配分	等级	评分细则	A	B	C	D	E	得分
4	系统原理图绘制	5	A	系统原理图及符号标注完全正确						
			B	系统原理图、符号及极性标注有1~2处错误						
			C	系统原理图、符号及极性标注有3~5处错误						
			D	系统原理图、符号及极性标注有5处以上的错误						
			E	未答题						
5	排除故障	2	A	排除故障，故障现象及原因分析全面、正确						
			B	排除故障，故障现象、原因分析较正确						
			C	排除故障，但故障现象、原因分析不正确						
			D	未排除故障；或采用排除故障检查方法不正确，如在电路通电时采用导线短接或用万用表电阻挡测量等						
			E	未答题						
6	安全生产，无事故发生	2	A	安全文明生产，符合操作规程						
			B	安全文明生产，符合操作规程，但未穿电工鞋						
			C	—						
			D	未经允许擅自通电，但未造成设备损坏或在操作过程中烧断熔断器						
			E	未答题						
合计配分		25		合计得分						

注：阴影处为否决项。　　　　　　　　　　考评员（签名）：

等级	A（优）	B（良）	C（及格）	D（较差）	E（差或缺考）
比值	1.0	0.8	0.6	0.2	0

"评价要素"得分＝配分×等级比值。

电工（三级）操作技能鉴定

试题单

试题代码：4.2.4。

试题名称：带续流二极管的三相桥式半控整流电路。

考核时间：60 min。

1. 操作条件

（1）带有三相交流电源的电力电子鉴定装置一台及专用连接导线若干。

（2）双踪示波器一台。

（3）电阻-电感负载箱。

2. 操作内容

（1）按图要求在电力电子鉴定装置上完成接线工作。

（2）测定交流电源的相序，按要求正确选择"单脉冲"或"双脉冲"，调节偏移电压 U_b，确定脉冲的初始相位，然后调节控制电压 U_c，使控制角 α 从 180°～30°变化，输出直流电压 U_d 从 0 到最大值变化。用示波器观察当控制角 α 变化时，输出直流电压 U_d 的波形。要求输出直流电压 U_d 不缺相，波形整齐，并向考评员演示。

（3）用示波器测量并画出 $\alpha=30°$，45°，60°，75°（抽选其中之一，下同）时的输出直流电压 U_d 的波形，晶闸管触发电路功放管集电极电压 u_{P1}，u_{P3}，u_{P5} 波形，晶闸管两端电压 u_{VT1}，u_{VT3}，u_{VT5} 波形，及同步电压 u_{sa}，u_{sb}，u_{sc} 波形。

（4）按要求在此电路上设置一个故障，由考生判别故障，说明理由并排除故障。

3. 操作要求

（1）根据给定的设备、仪器和仪表，在规定时间内完成接线、调试、测量工作。

（2）调试过程中一般故障自行解决。

（3）接线完成后必须经考评员允许后方可通电调试。

（4）安全生产，文明操作。未经允许擅自通电，造成设备损坏者，该项目零分。

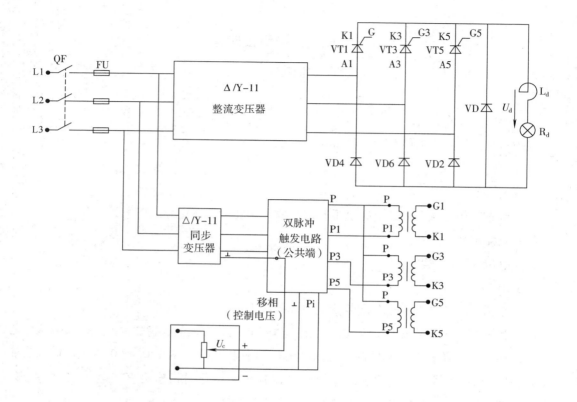

电工（三级）操作技能鉴定

答题卷

考生姓名：　　　　　　　　准考证号：

试题代码：4.2.4。

试题名称：带续流二极管的三相桥式半控整流电路。

考核时间：60 min。

1. 测量并画出 $\alpha=30°$，$45°$，$60°$，$75°$（抽选其中之一，下同）时的输出直流电压 U_d 的波形，晶闸管触发电路功放管集电极电压 u_{P1}，u_{P3}，u_{P5} 波形，晶闸管两端电压 u_{VT1}，u_{VT3}，u_{VT5} 波形，及同步电压 u_{sa}，u_{sb}，u_{sc} 波形。

（1）在波形图上标齐电源相序，并画出输出直流电压 U_d 的波形。

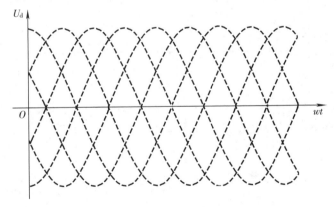

（2）晶闸管触发电路功放管集电极 $u_{P\_}$ 波形。

（3）在波形图上标齐电源相序，并画出晶闸管两端电压 u_{VT_-} 波形。

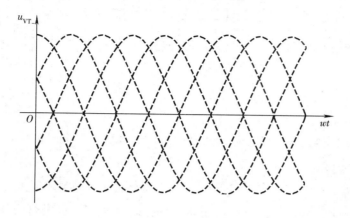

（4）同步电压 u_{s_-} 波形。

2. 排除故障

（1）记录故障现象。

（2）分析故障原因。

（3）找出具体故障点。

电工（三级）操作技能鉴定

试题评分表

考生姓名：　　　　　　　　　　准考证号：

试题代码及名称	4.2.4　带续流二极管的三相桥式半控整流电路			考核时间					60 min
评价要素	配分	等级	评分细则	评定等级					得分
				A	B	C	D	E	
否决项			未经允许擅自通电，造成设备损坏者，该项目记为零分						
1　按电路图进行接线安装	4	A	接线正确，安装规范，主电路与控制电路导线能区分、安全座配安全插头						
		B	接线安装错1次，或主电路与控制电路导线未区分，或安全座未配安全插头，或1个接线柱上接头超过2个						
		C	接线安装错2次						
		D	接线安装错3次及以上						
		E	未答题						
2　示波器使用（此项考生不允许弃权）	2	A	正确校验和使用示波器，且操作思路清晰、步骤正确，波形稳定清晰						
		B	使用示波器步骤有错，波形不稳定						
		C	示波器操作出错2处						
		D	示波器操作出错3处及以上						
		E	未答题						
3　通电调试	6	A	通电调试步骤和停机步骤均正确，结果与试题要求一致						
		B	调试步骤和方法正确，但脉冲初始相位大小有偏差，或调试时主、控开关不分，或停机步骤出错						
		C	调试步骤与方法基本正确，但演示结果有较大误差						
		D	能通电调试，但不能确定脉冲初始相位或确定的初始相位错						
		E	未答题						

续表

试题代码及名称			4.2.4　带续流二极管的三相桥式半控整流电路					考核时间			60 min
评价要素		配分	等级	评分细则				评定等级			得分

评价要素		配分	等级	评分细则	A	B	C	D	E	得分
4	记录波形	6	A	波形测绘正确，电源相序标号齐全且正确						
			B	某一波形图的电源相序不标或标错，或某一波形局部画错或漏画，或某一波形相位未对齐或有错						
			C	一个波形完全错误，或两个波形图局部有错						
			D	两个波形及以上完全错误						
			E	未答题						
5	排除故障	5	A	排除故障，且故障检查方法和故障原因分析均正确						
			B	排除故障，故障检查方法正确，故障原因分析不够完整						
			C	能排除故障，故障检查方法基本正确，但故障原因分析不正确						
			D	不能排除故障或故障检查方法不正确，如在电路通电时采用导线短接或用万用表电阻挡测量等						
			E	未答题						
6	安全生产，无事故发生	2	A	安全文明生产，符合操作规程						
			B	未穿电工鞋						
			C	—						
			D	未经允许擅自通电，但未造成设备损坏或在操作过程中烧断熔断器						
			E	未答题						
合计配分		25		合计得分						

注：阴影处为否决项。　　　　　　　　　　考评员（签名）：

等级	A（优）	B（良）	C（及格）	D（较差）	E（差或缺考）
比值	1.0	0.8	0.6	0.2	0

"评价要素"得分＝配分×等级比值。5，12，57，89，91，94，166，168